戰術的本質

戰術の本質

進化する「戦いの原則」をひも解く

戰場致勝的關鍵，
為決策者打造的自學工具

完全版
全彩圖解

陸上自衛隊退役少將
木元寬明
張詠翔——譯

Principles of war

日本暢銷戰術經典，完整解析戰術的本質
不只教你戰術，更教你如何思考戰術
學習以「邏輯」與「科學」取勝對手的唯一讀本

前言

　　距離 2017 年舊版付梓，已經過了五年寒霜。在此期間，此書六度加刷，獲得眾多讀者青睞，真是萬分感謝。

　　舊版比較偏重「戰術」（Tactics），而較未提及「作戰藝術」（Operational Art）。如果維持原樣，對於 21 世紀的趨勢、軍事、科學技術急速進步、國際軍事環境劇變、軍事思想革新等事項便無法確實掌握，我對此感到相當慚愧。

　　經過反省，我決定將《戰術的本質》內容構成全部重新調整，除了補上欠缺、不足的事項，也進行各種修正、訂正。

　　本書主要有以下四點增補：

① 美國陸軍睽違一個世紀對「作戰原則」（Principles of war）追加三個原則，進化成「**聯合作戰原則**」（Principles of Joint Operations）。當今的軍事行動已將聯合運用視為常態，軍事角色也從維持和平擴大至核子戰爭，光靠傳統九項原則，已無法觀其全貌。針對這項變更會進行解說。

② 新增「**構成作戰藝術的要素（10 項要素）**」。若沒有將戰術與作戰藝術視為密不可分的概念一併理解，就無法掌握現代廣泛、多元、複雜的軍事行動。

③ 在狀況判斷的篇章加入「**緊急時迅速判斷狀況**」。本項目並非新增，而是補充舊版沒有提到的事項。

④ 新增九個戰史案例（**拿破崙遠征莫斯科、諾門罕事件、凱賽林隘口戰役、仁川登陸作戰、奠邊府攻防戰、越戰**等），按年代排序重新構成。

另外，針對說明不足的項目（**對限定目標攻擊、知識管理、任務式指揮、三分之一法則**等）也進一步充實內容，並訂正圖表與部份辭彙（**旅級戰鬥部隊參謀**等）。

2022年2月24日，正當我著手對舊版進行修正時，俄羅斯軍開始對烏克蘭展開軍事侵略（以下稱烏克蘭戰爭）。撰寫本稿時（八月下旬），戰爭仍在持續進行，且今後的推移尚無法預判。

烏克蘭戰爭可說是一面映照戰術／作戰藝術的鏡子，同時也是重新審視日本防衛態勢的極佳教訓。因為這樣的關係，卷末特別附錄便以「**從戰略、作戰、戰術的觀點分析烏克蘭戰爭**」為全書做個總結。

另一方面，日本周邊也不平靜，中國解放軍在八月初以包圍台灣的形勢實施了大規模軍事演習，可藉此窺見侵略台灣的劇本。台灣有事即為日本有事，因此在第六章的最後也追加一篇「**假想戰史——台灣有事**」，希望能為思索我國防衛態勢提供參考。

戰術／作戰藝術有其不變的本質，但卻也會與時俱進。這本完全增補版若能讓各位讀者進一步理解戰術／作戰藝術，那筆者就感到十分欣慰了。

2022年9月　木元寬明

戰術的本質 完全版
戰場致勝的關鍵，為決策者打造的自學工具

前言 2

第 1 章　進化的「作戰原則」... 11

1-1	聯合作戰原則　睽違一個世紀調整傳統「作戰原則」	12
1-2	目標(Objective)　確立目的、目標，並且徹底追求	14
1-3	攻勢(Offensive)　奪取主導權，迫使敵隨我動	16
1-4	集中(Mass)　統整聯合戰鬥力，並且同時發揮	18
1-5	兵力節制(Economy of force)　若欲全守，則會盡失	20
1-6	機動(Maneuver)　讓形而上、下的各種戰鬥力全部指向決勝點	22
1-7	指揮統一(Unity of Command)　軍隊指揮官如同管弦樂團指揮家	24
1-8	警戒(Security)　防範奇襲，確保行動自由	26
1-9	奇襲(Surprise)　奇襲的本質在於出乎意料	28
1-10	簡明(Simplicity)　簡明是王道	30
1-11	抑制(Restraint)　須節制不必要的部隊使用	32
1-12	堅忍(Perseverance)　須確實為達成國家目標作出貢獻	34
1-13	合法性(Legitimacy)　作戰期間仍須維持守法精神及仁義道德	36

Column 1　古斯塔夫・阿道夫的野砲　野戰戰術的變貌 40

第 2 章　決定作戰大框架的 10 項「作戰藝術（Operational Art）」 ... 41

2-1	構成作戰藝術的要素	決定作戰大框架的知識工具	42
2-2	作戰所望戰果與條件	所有作戰都必須有明確的結束方式	46
2-3	作戰的重心	所謂重心，是指敵方力量的中心，同時也是弱點	48
2-4	致命的要害	致命的要害對於重心有極大影響力	50
2-5	作戰線與行動主軸	作戰線與努力線應當結合	52
2-6	作戰的步調	掌握步調，維持主導權	54
2-7	作戰階段與作戰的轉移	追求同時性、縱深性、維持步調	56
2-8	戰力極點	以攻擊、防禦讓相對戰鬥力發生劇烈轉換	58
2-9	作戰範圍／攻勢終點	作戰範圍是限制動物行動的鎖鏈	60
2-10	設定根據地	根據地既是出擊據點，也是退避地點	62
2-11	毅然甘冒風險	甘冒風險，必須基於有充分的理論支持的假設上	64
Column 2	線膛槍	射程與命中精準度是滑膛槍的 5 倍	66

第 3 章　戰鬥力的本質 ... 67

3-1	戰鬥力 其之①	拿破崙被貶為「不懂戰術」	68
3-2	戰鬥力 其之②	戰鬥力的使用原理為集、散、動、靜	70
3-3	戰鬥力 其之③	構成戰鬥力的 8 項要素	72
3-4	戰場的地形	地形可用「OAKOC」5 項要素來評估	74
3-5	戰場的氣象	暮幕膚接迫近敵陣	76
3-6	情報 其之①	情報不會自動送上門來	78
3-7	情報 其之②	Information 與 Intelligence	80
3-8	情報 其之③	軍事情報的領域既廣泛又多元	82

3-9	維持戰鬥力	透過戰鬥勤務支援來維持、增進戰鬥力	88
3-10	後勤（維持戰鬥力）其之①	輜重是依據任務編成的非常設部隊	90
3-11	後勤（維持戰鬥力）其之②	補給幹線是維持戰鬥力的大動脈	92
3-12	後勤（維持戰鬥力）其之③	從主要裝備到個人奢侈品都算補給	94
3-13	衛生 其之①	戰傷者的現地治療及後送	96
3-14	衛生 其之②	戰鬥、作戰壓力患者的現地治療	98
3-15	人事勤務	維持、增進部隊的人因戰鬥力	100
3-16	C4ISR 其之①	現代戰爭是網路作戰	102
3-17	C4ISR 其之②	虛擬網路作戰是「第5戰場」	104
Column 3	蒸氣機的性能提升	鐵路擔綱重要角色	106

第4章 戰術的定理～作戰的科學 … 107

4-1	攻擊機動的方式	首先要迂迴，接著盡可能追求包圍	108
4-2	迂迴的原則	迫使守方來到陣外決戰	110
4-3	包圍的原則 其之①	攻擊敵軍背後或側面弱點	112
4-4	包圍的原則 其之②	包圍的最終階段將是遭遇戰或突破	114
4-5	突破的原則 其之①	以科學方式進行分析的突破理論	116
4-6	突破的原則 其之②	將戰鬥力徹底集中於突破正面	118
4-7	滲透	趁隙潛入以達成特定目標	120
4-8	徒步行軍	以最佳狀態抵達，從事後續戰鬥	122
4-9	戰鬥前進	預期會與敵接觸、戰鬥的行軍	124
4-10	遭遇戰 其之①	現代戰爭也會發生遭遇戰嗎？	126
4-11	遭遇戰 其之②	遭遇戰的特色在於爭奪主導權	128

4-12	攻擊限定目標	自主限定目標，以達成所期效果	130
4-13	防禦 其之①	防禦是從屬於其他決定性行為的戰術行動	132
4-14	防禦 其之②	防禦的勝機在於「地利之便」	134
4-15	防禦 其之③	現代戰爭的特色在於立體防禦	136
4-16	防禦 其之④	機動防禦只是理論？	138
4-17	追擊	盡速捕捉、殲滅自戰場脫離的敵軍	140
4-18	攻勢防禦	攻勢防禦的目的是殲滅敵軍	142
4-19	轉進行動	切斷與敵之接觸，和敵軍取出距離	144
4-20	各個擊破 其之①	運用蘭徹斯特法則，發揮創意製造勝機	146
4-21	各個擊破 其之②	別放過敵軍兵力分離的大好時機	148
4-22	各個擊破 其之③	反登陸作戰要看準剛登陸時的浮動狀態	150
4-23	相互支援	相互合作，應付共同敵人	152
4-24	聯合兵種	最能有效發揮戰鬥力的部隊編成	154
Column 4	內燃機的發明	讓作戰方式產生劃時代變革	156

第 5 章　指揮官的決心～作戰之術　157

5-1	旅部參謀組織	實行計畫、調整、監督，輔佐指揮官	158
5-2	下達決心的理論	軍事決策程序屬於問題解決法	160
5-3	軍事決策程序 步驟 1　受領任務	設定時間軸	162
5-4	軍事決策程序 步驟 2　分析任務	分析任務，確立作戰目標	164
5-5	軍事決策程序 步驟 3　其之①　研擬行動方案	列舉數款各具特色的行動方案	166

5-6	軍事決策程序 步驟 3　其之②　相對戰鬥力 相對戰鬥力須比較各種有形、無形要素		168
5-7	軍事決策程序 步驟 4　分析行動方案　分紅、藍兩陣營實施兵棋推演		170
5-8	軍事決策程序 步驟 5　比較行動方案　選出呈報指揮官的最佳行動方案		172
5-9	軍事決策程序 步驟 6　核准行動方案　指揮官憑其全部人格特質下達決心		174
5-10	軍事決策程序 步驟 7　頒布計畫、命令　頒布計畫、命令,下達所屬部隊		176
5-11	風險評估　識別風險因素並減輕風險		178
5-12	情報評估　認識戰場環境,辨明敵軍可能採取的行動		180
5-13	METT-TC　小部隊指揮官、領隊的任務分析道具		182
5-14	緊急時迅速判斷狀況　大幅仰賴指揮官的經驗與直覺		184
5-15	知識管理　將內隱知識轉換為有形知識,活用於任務遂行		186
5-16	三分之一法則　給予麾下部隊充分的準備時間		188
Column 5	網際網路的衝擊　開啟「第 5 戰場」		190

第 6 章　從戰史分析戰術 …… 191

6-1	阿萊西亞攻防戰　凱薩《高盧戰記》的世界		192
6-2	加爾達湖畔的各個擊破　拿破崙在加爾達湖嶄露新戰術		194
6-3	拿破崙軍遠征莫斯科　從米納德圖來看拿破崙軍的損耗狀況		196
6-4	南北戰爭(Civil War)　職業軍人指導下的現代戰爭		198
6-5	黑船來航　阻止外國艦船入侵江戶灣		200

6-6	鳥羽、伏見戰役　　幕府並沒有培養武官的學校	202
6-7	日本海海戰的丁字戰法　　日本海海戰是藝術與科學的結晶	204
6-8	義和團事件──維護軍紀　　參與義和團事件的日軍堪稱模範軍隊	206
6-9	夢幻的「1919年戰略計畫」　　攻擊敵軍司令部，癱瘓指揮系統	208
6-10	諾門罕事件──輕視情報的體質　　以己度人的愚昧	210
6-11	諾門罕事件──蘇軍八月攻勢 日軍為疏於現代化付出鮮血代價	212
6-12	蘇奧穆斯薩爾米之役　　芬蘭軍的捆束戰法	214
6-13	香港攻略作戰──獨斷專行 香港攻略作戰是在獨斷專行下揭幕	216
6-14	美國第1裝甲師的第一戰　　一掃德軍的「唐吉軻德式的突擊」	218
6-15	塔薩法隆加夜戰　　瞭望員肉眼與雷達的對決	220
6-16	從英帕爾作戰看外線作戰　　包圍敵軍，並殲滅之	222
6-17	北非戰線 其之①　　在廣漠沙海中神出鬼沒的LRDG	224
6-18	北非戰線 其之②　　沙漠戰是講究騎士精神與公平競爭的作戰	226
6-19	蘇軍入侵滿州　　為二次大戰收尾的大規模機動	228
6-20	韓戰──美國陸戰隊自敵區突破 陸戰隊絕不捨棄袍澤與裝備	230
6-21	韓戰──仁川登陸作戰　　麥克阿瑟毅然決然下注5,000對1	232
6-22	奠邊府攻防戰　　越南獨立同盟會等待雨季到來再行決戰	234
6-23	越戰──美國第1騎兵師的首戰 空中機動戰對上游擊戰，兩不相襯的戰鬥	236
6-24	從第3次中東戰爭看內線作戰 首先要打擊最具威脅性的敵人	238
6-25	福克蘭戰爭 其之①　　英國規復福克蘭群島	240

6-26	福克蘭戰爭 其之②	阿根廷失去福克蘭群島	242
6-27	空地作戰	空地作戰採用「英式足球模式」	244
6-28	任務式指揮	自主積極行動，也就是鼓勵獨自判斷	246
6-29	北方四島的蘇軍	是要防範自衛隊侵略嗎？	248
6-30	假想戰史──台灣有事	應活用國際政治力學，抑止台灣有事發生	250

| Column 5 | 該如何與中國交流？ | 那個國家可不講「人性本善」 | 258 |

特別附錄 從戰略、作戰、戰術的觀點分析烏克蘭戰爭 ... 259

戰略層級：當國家決定開戰之時 ... 261

作戰層級：達成軍事目標 ... 266

戰術層級：21世紀的散兵戰 ... 271

國土保衛戰的本質 ... 279

參考文獻 ... 284
索引 ... 285

第1章

進化的「作戰原則」

「作戰原則」在這大約100年間，一直都放在戰術準則的卷首。在此期間，不僅軍事技術突飛猛進、作戰樣貌劇烈改變，軍隊扮演的角色也從維持和平擴大至核子戰爭。為因應這種環境變化，美軍為傳統「作戰九原則」多加了三項原則，使其進化成「聯合作戰原則」。本章要講述的是就算具備普遍、不變特性的原理與原則，也會因應狀況變化而產生改變。

1-1

聯合作戰原則
睽違一個世紀調整傳統「作戰原則」

　　所謂**作戰原則**（Principles of War），是從人類長達 2,600 年的戰爭歷史記錄歸納出來的原則。雖然作戰的原理、原則自古以來便已存在，但將其整理成現今這種「可供學習之形式」的，則是英國陸軍的 J・F・C・富勒（J.F.C. Fuller）。

　　富勒徹底研究拿破崙戰爭，並汲取第一次世界大戰的教訓，確立了「八項原則」，由英國陸軍正式採用為「作戰原則」。

　　美國陸軍在第一次世界大戰後，也採用源於英國陸軍的「作戰原則」，並將之發展為九項原則，傳授給第二次世界大戰之後新成立的日本陸上自衛隊。

　　二十世紀末期，東西方冷戰結束，蘇聯解體消失，使得國際安全環境劇烈改變。除了像波斯灣戰爭這種傳統型戰爭（Regular Warfare）算是例外，非正規戰（Irregular Warfare）變得相當頻繁。

　　為因應國際軍事環境的變化，**美軍睽違一個世紀，於傳統九項原則新增三個項目，形成聯合作戰原則**（Principles of Joint Operations）。

　　之所以會如此，是因為軍事行動改為以聯合作戰為常態，且必須擴大應對非正規戰（革命、叛亂、武裝起義、騷動、大規模暴動、犯罪、恐怖主義等）與人道支援等，之前的九項原則已不敷使用。

　　追加的三項原則（抑制、堅忍、合法性），雖然還稱不上是成熟階段，但針對**原本奉為圭臬的「作戰原則」進行修改的態度**，已經值得給予佳評。今後這十二項原則將會如何定位，值得投以關注。

第 1 章　進化的「作戰原則」

▶「作戰原則」從 9 項進化、發展至 12 項

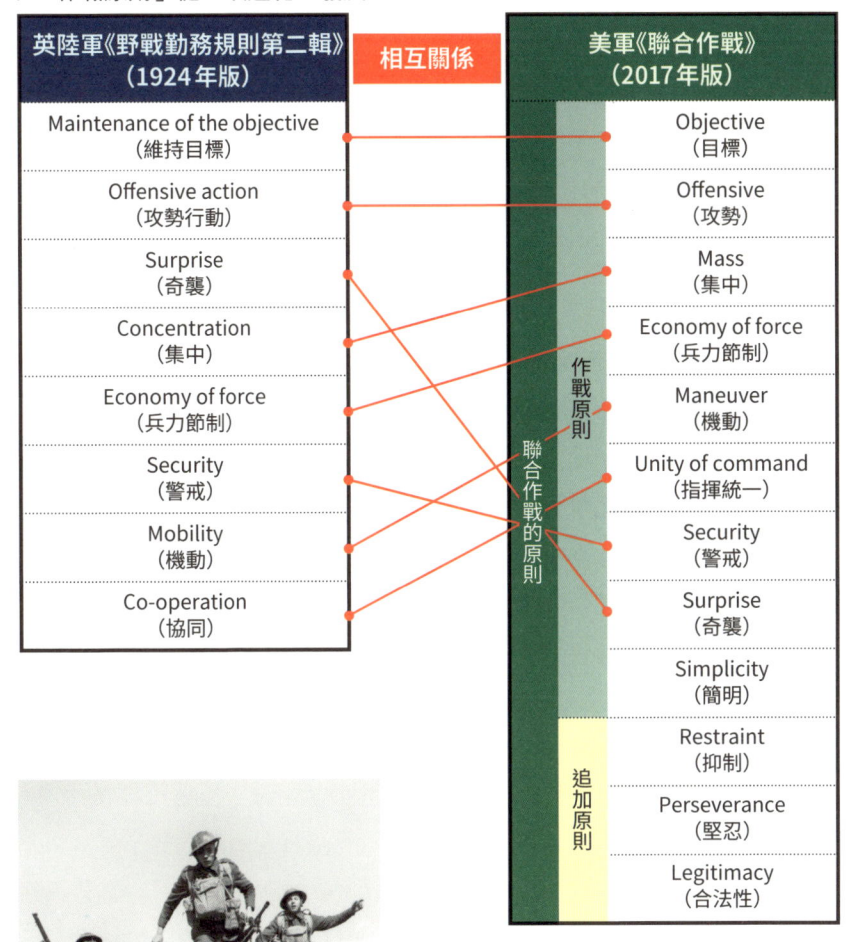

英陸軍《野戰勤務規則第二輯》 （1924年版）	相互關係	美軍《聯合作戰》 （2017年版）
Maintenance of the objective（維持目標）		Objective（目標）
Offensive action（攻勢行動）		Offensive（攻勢）
Surprise（奇襲）		Mass（集中）
Concentration（集中）		Economy of force（兵力節制）
Economy of force（兵力節制）	作戰原則	Maneuver（機動）
Security（警戒）	聯合作戰的原則	Unity of command（指揮統一）
Mobility（機動）		Security（警戒）
Co-operation（協同）		Surprise（奇襲）
		Simplicity（簡明）
	追加原則	Restraint（抑制）
		Perseverance（堅忍）
		Legitimacy（合法性）

第一次世界大戰過後的 1924 年，英國陸軍接受 J・F・C・富勒的建言，於《野戰勤務規則第二輯（Field Service Regulations Vol. II）》正式採用八項作戰原則。美國陸軍則於第一次世界大戰過後公佈最早的作戰原則，之後又透過分析、實驗及實戰驗證進行微幅修正，最後確立九項原則。圖為二戰期間的英國陸軍

圖：Public Domain

13

1-2

目標（Objective）
確立目的、目標，並且徹底追求

> 明確作戰目標的目的，是確保所有軍事行動都以清晰、果斷且可實現的目標為導向。

　　目標原則是所有軍事行動的原動力，作戰、戰術層級唯有確立目標，才有辦法讓部隊的各種行動集中力量達成上級指揮官的企圖。

　　遂行各種任務時，**必須要有值得期待的結果，並且明確理解其成效**。當然，戰鬥力並非源源不絕，而是有所限度，因此指揮官必須要能應對各種狀況才行。

　　訂立目標時，必須講究能以直接、迅速、經濟的方式達成作戰目的，各作戰則必須對於達成戰略目標作出貢獻。聯合部隊指揮官對於無法針對達成目標提供直接助益的行動，必須盡可能避免。

　　目標與其講究具體方法，還不如強調應該期待的成果。如此一來，麾下各部隊必須達成什麼項目，就會變得相當明瞭。任務分析會透過 5 個 W（When、Where、Who、What、Why）手法將之明確化。

　　軍事行動的目的，在於達成特定目標、解決衝突，進而為整體戰略目標作出貢獻。為此，就必須時常針對敵方能力與戰意進行破壞。

　　對於並不一定需要進行破壞的聯合作戰（Joint Operations）而言，在目標的意義賦予上會變得更加困難，因此從作戰一開始就必須明確闡釋目標。

14

第 1 章　進化的「作戰原則」

瓜達康納爾島戰役（1942 年 8 月至 1943 年 2 月）

　　美軍基於占領日本本土這項戰爭目的，將瓜達康納爾島（Guadalcanal）作戰定位為對日反攻的第一步。作戰目標因而確立為務必占領、鞏固瓜達康納爾島，為此則創造出水陸兩棲作戰這種新戰術，並實施登陸作戰。

　　日軍遭到突襲後，完全沒有針對瓜達康納爾島戰役進行綜合研究、檢討，僅針對美軍登陸行動各別作出反應，陸海軍兵力零散逐次投入，最終導致士兵、艦艇、飛機、船舶大量損失，一敗塗地。當時日軍大本營既無明確作戰目的，也沒有具體作戰目標。

「鬼怒川丸」參與第二次運輸作戰，於 1942 年 11 月 15 日依拉包爾司令部（第 17 軍）命令，讓船體衝上沙灘擱淺，藉此強行登陸

圖：Naval Historyand Heritage Command

1-3

攻勢（Offensive）

奪取主導權，迫使敵隨我動

> 進攻行動的目的是奪取、鞏固並運用戰場主動權。

攻勢與主動（Initiative）具有相同意義，這並非鼓勵形式上的攻擊行動，而是要採取主動態度，迫使敵方順從我方意志。也就是說，這個部分**並非形式原則，而是態度原則**，陸上自衛隊的《野外令》稱其為「主動原則」。

在作戰與戰鬥當中，達成決定性成果最確實的方法，就是自敵方手上奪取主導權，並且盡可能加以維持、擴大。

奪得主導權後，就能在作戰性質、作戰範圍及作戰進展速度上迫使對手配合我方起舞。換句話說，就是要想辦法**讓敵隨我動**。

> 「因我欲為之，故敵必隨之」
> ──普魯士軍參謀總長毛奇將軍

取得主導權，並加以維持、擴大。這對致使作戰成功、確保我方行動自由而言至關重要。另外，保持主導權，也能讓指揮官在碰到情勢劇變或是遭遇意外展開時得以適切應對。

指揮官只有在暫時須要臨機應變的時候，才會採取防禦態勢。即便碰到這種狀況，仍須謀求各種機會獲取或是奪回主導權。在實行各種防勢行動時，依然得要保持攻勢（攻擊）精神。

▍奧斯特利茨會戰（1805 年 12 月）

　　拿破崙細緻擘劃攻勢防禦想像，並引誘敵軍行動，依其所想實施作戰。這場會戰的成敗關鍵，在於刻意將普拉欽高地（Pratzen Heights）讓給俄軍。奧斯特利茨會戰（Battle of Austerlit）可說是由拿破崙卓越的戰術眼光及順應拿破崙意圖行動的精銳部隊兩者相輔相成構成的傑作。

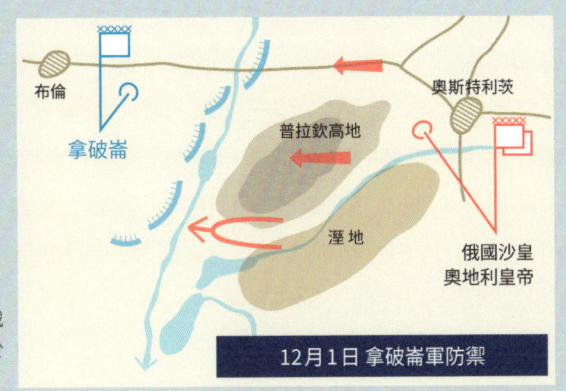

拿破崙甘冒風險捨棄戰術要地普拉欽高地，於西方高地構築防禦陣地

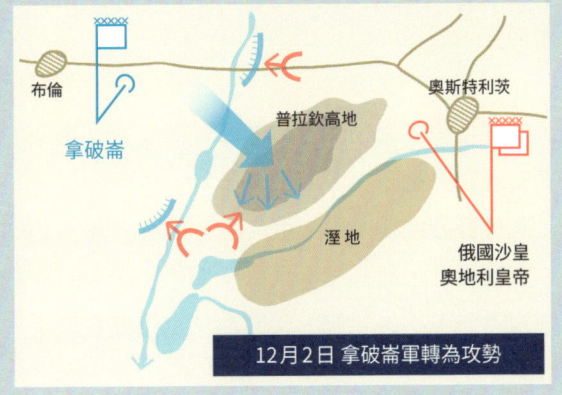

12月1日 拿破崙軍防禦

俄國沙皇占領高地，攻擊法軍右翼。法軍以主力展開反擊，切斷俄軍後將之完美擊敗

12月2日 拿破崙軍轉為攻勢

1-4

集中 (Mass)
統整聯合戰鬥力,並且同時發揮

> 集中使用兵力的目的是為了在最佳的時機和地點,集中優勢戰力,以達成決定性的戰果。

指揮官為了達成破壞性成果及建設性成果,必須將有效戰鬥力集中用於**關鍵時刻與地點**。有效戰鬥力就像食物的有效期限,並非源源不絕,而是有所限度。正因如此,才必須將其集中用於關鍵時刻與地點。

作戰也可說是針對**決勝點的戰力集中競爭**,若在集中競爭上取勝,就能在對手作出適切反應之前,將敵人完全打倒。

將戰鬥力集中於關鍵時刻,指的是**讓戰力同時指向多個關鍵地點**。2001年9月11日發生在美國本土的「同時多起恐怖攻擊」,被劫持的飛機就是在同一時段撞入世界貿易中心與五角大廈等四處地點,令人印象深刻。

至於將戰鬥力集中至關鍵地點,則是要**針對單一關鍵地點(也就是決勝點)投入戰力**。自古以來,這都是在陸戰中獲取勝利的關鍵手段,因而備受重視。

為了達成戰力集中,必須在短時間內針對能夠發揮關鍵効用的地點,**統整由陸、海、空、陸戰隊等單位適切構成的聯合部隊,讓它們能夠同時展開行動**。

若想發揮期望中的効用,就必須設法在一定期間內維持戰力集中。

有鑑於此,與其集中部隊,還不如集中有效戰鬥力,如此一來,即便部隊在數量上占劣勢,仍有辦法取得關鍵成果,並減少人員損失與資源浪費。

第 1 章　進化的「作戰原則」

▶韓戰期間美軍（聯合國軍）投入地面戰力的速度（1950 年）

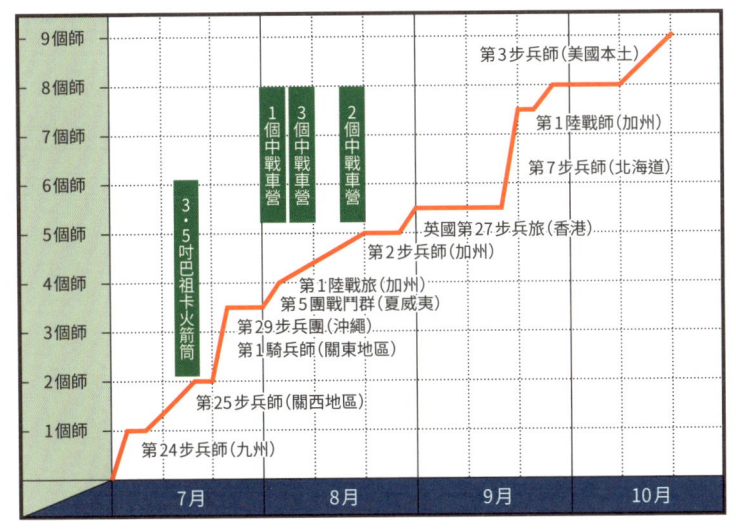

縱軸：個師（1～9 個師）
橫軸：7月、8月、9月、10月

標註：
- 第 24 步兵師（九州）
- 第 25 步兵師（關西地區）
- 第 1 騎兵師（關東地區）
- 第 29 步兵團（沖繩）
- 第 5 團戰鬥群（夏威夷）
- 第 1 陸戰旅（加州）
- 第 2 步兵師（加州）
- 英國第 27 步兵旅（香港）
- 第 7 步兵師（北海道）
- 第 1 陸戰師（加州）
- 第 3 步兵師（美國本土）
- 3.5 吋巴祖卡火箭筒
- 1 個中戰車營
- 3 個中戰車營
- 2 個中戰車營

出處：木元寬明／著《陸自準則「野外令」が教える戰場の方程式》（光人社，2011 年）

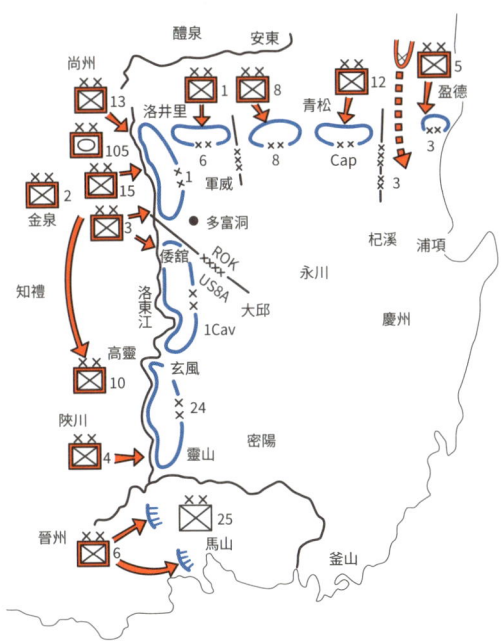

地圖標示：
紅：北韓軍
藍：聯合國軍

Cap：首都防衛師
ROK：韓國軍
US8A：美國第 8 軍團
1Cav：第 1 騎兵師

釜山橋頭堡攻防戰（1950 年 8～9 月）是韓戰早期最大的關鍵戰役。以破竹之勢南進的北韓軍，與在釜山橋頭堡進行防禦的聯合國軍形成戰力集中競爭，最終由聯合國軍取得勝利。1950 年 9 月 15 日，聯合國軍實施仁川登陸作戰，切斷北韓軍的後方聯絡線，讓戰爭情勢一舉逆轉

19

1-5

兵力節制（Economy of force）
若欲全守，則會盡失

> 兵力節制的目的是在次要方向上消耗最少的必要戰鬥力，以便在主要方向上配置盡可能多的戰鬥力。

兵力節制與兵力集中互為兩極。這項原則強調的是配合目的投入有限戰鬥力，以進行有效運用，注重的是經濟效益。**陸自《野外令》稱為「經濟原則」。**

指揮官對於次要作戰僅能分配最低限度量能，以將戰鬥力集中於關鍵作戰。這種作法算是承擔想定內的風險，作戰會有風險是不可避免的事情。

也就是說，「兵力節制」原則與「目標」、「集中」實屬三位一體，頂多只是在冷靜沉著分析之下，評估部隊的使用與分配。

為了將兵力集中於其他關鍵要地與時期，在針對限定目標進行攻擊、防禦、遲滯、欺騙，或是後退行動（撤退）等任務時，就只能分配最低限度的兵力，根據計算進行部隊運用。

發動攻擊時，在主攻正面要盡可能分配最大量能，助攻正面則分配最低限度量能。助攻部隊除了承擔風險之外，也要採取積極果敢的行動，為主攻部隊提供最大程度協助。

進行防禦時，若在所有地點都配置部隊，與敵軍在各地的相對戰鬥力差距就會變得更為顯著，最後導致全面破防。防禦部隊指揮官須將戰鬥力集中至最重要地點，其他只能忍痛放棄。

第 1 章　進化的「作戰原則」

▶作戰原則：目標、集中、兵力節制

所有軍事行動皆不得有所曖昧，必須明確定義，將戰鬥力指向具關鍵性且可能達成的目標。

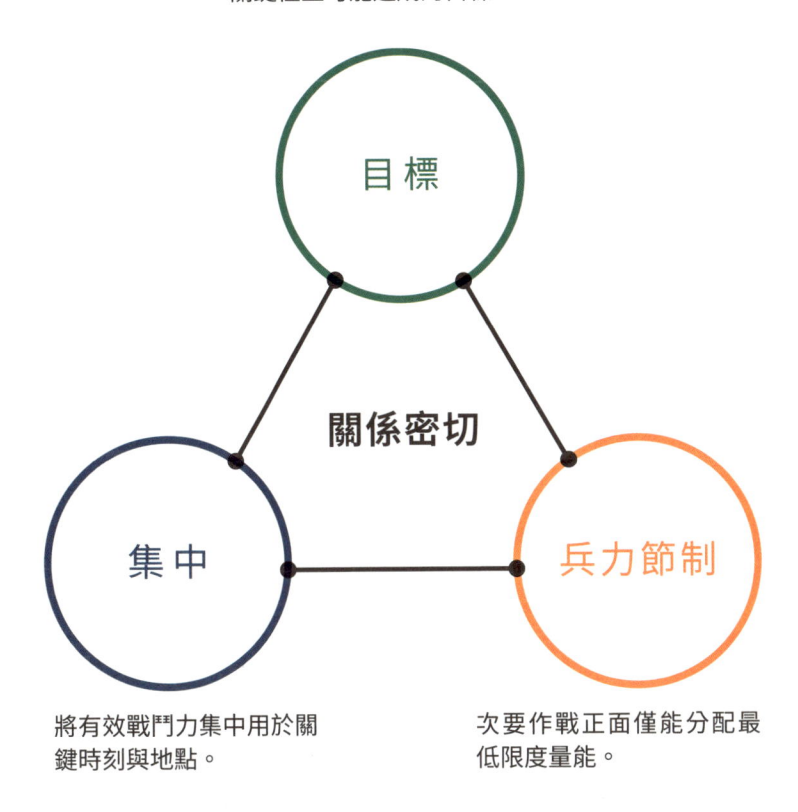

目標

關係密切

集中　　　　**兵力節制**

將有效戰鬥力集中用於關鍵時刻與地點。

次要作戰正面僅能分配最低限度量能。

21

1-6

機動（Maneuver）
讓形而上、下的各種戰鬥力全部指向決勝點

> 機動的用意在於透過靈活部署戰力，使敵方陷入不利的態勢。

美國陸軍將戰鬥力定義為「展開作戰的部隊，在必須達成任務的期間內，為應處各種狀況，施展由破壞力、建設力、情報力等共同構成的綜合能力」（這會在第三章說明）。

也就是說，所謂戰鬥力，是指由六種戰鬥機能——移動、機動、作戰情報、火力、戰力維持、任務式指揮、防護——加上領導力與資訊構成八項要素所形成的綜合能力。

有效的機動，是指透過集中或分散戰力的方式，讓敵人面臨無法迅速應對的新問題或威脅，打亂其步調平衡。

至於狹義定義則會如此敘述：「機動的用意在於透過靈活部署戰力，使敵方陷入不利的態勢。」雖然這樣說也沒錯，但**本項原則卻也包括精神層面的彈性在內，含意更加廣泛。**

本原則與攻勢第一主義、刺刀衝鋒等教條無關，講究的是將手頭上的戰鬥力全部投注於達成目的、目標，屬於一種積極性的思考方式。

機動包含構成戰鬥力八項要素的靈活與彈性特色，**機動原則要求的是彈性思考、彈性計畫及彈性作戰。**

古德林創造的閃擊戰與隆美爾在北非戰線變化多端的作戰，就是出自形而上（抽象而無形）的**機動**原則。

第 1 章　進化的「作戰原則」

富勒創造的「裝甲戰理論」在戰車發源地英國被忽視，但敵對的德國卻對其認真研究，最後催生出閃擊戰。圖為在北非戰線被稱為「沙漠之狐」令人敬畏的隆美爾將軍，隆美爾將軍的作戰指導，體現的正是機動原則

圖：Public Domain

1-7

指揮統一（Unity of Command）
軍隊指揮官如同管弦樂團指揮家

> 設立統一指揮的用意，在於確保針對每一項任務，
> 均有單一指揮官負責，並使所有相關行動能協調一致。

　　統一就如字面所示，講究的是**指揮一元化，及整個部隊形而上、下的統一**，具有兩面特性。賦予單一指揮官必要之權限──指揮及管制機能──，最容易達成統一。

　　雖然有時也能透過協同來產生調和，但讓單一指揮官手握必要權限，對於統一整個部隊形而上、下之活動而言卻最具效果。

　　碰到必須由多國部隊或各部會相關人員進行協調、行動的時候，就不一定有辦法達成指揮權統一。即便如此，**統一眾人的努力仍然是最優先的必要條件**。就算指揮系統與組織各異，只要能夠統一各方之努力，仍能使整體運作合而為一。

> 「經理人的工作就如同管弦樂團的指揮者。管弦樂團會透過指揮者的行動、眼光、指導力，整合各部奏響音樂」
> 　　　　　　　　　　　　──彼得‧杜拉克／著《管理》

　　不論再好的管弦樂團，若指揮水準不夠，即便演奏再有名的曲目，都無法帶給聽眾感動。優秀的指揮者有辦法盡量引出各演奏者的能力，將其整合成一組管弦樂團，奏出悅耳旋律。

　　指揮軍隊也是一樣的道理，軍隊的指揮官，就好比是管弦樂團的指揮家。

第 1 章　進化的「作戰原則」

軍隊的指揮官就好比是管弦樂團的指揮家，圖為陸上自衛隊第 12 旅團的第 12 音樂隊
圖：陸上自衛隊

參與陸上自衛隊第 7 師團校閱的第 71 戰車連隊本部。最前方為筆者

1-8

警戒（Security）
防範奇襲，確保行動自由

> 切勿給予敵人超乎預期的優勢。

　　警戒指的是防護、維持戰鬥力（移動、機動、作戰情報、火力、戰力維持、任務式指揮、防護、領導力、資訊）。對於**奇襲、妨害、破壞、誣陷，及敵人的監視、偵察、部隊、機關必須講求各種手段進行自我防護，警戒便是其綜合結果**。

　　本項原則的本質在於確保行動自由。當今的戰場已擴展至又稱第五戰場的虛擬網路空間，敵人也從正規軍擴大至個人發起的恐怖攻擊，使戰線變得曖昧不明。

　　日本自衛隊的《野外令》稱本項原則為「保全」，雖然本質相同，但卻給人帶來一種較為被動的印象。真要說起來，這種詮釋聽起來會比較像是在戰場這種特定地區設法防止遭到奇襲的感覺。

　　當今的世界，即使是在**太空也有佈下監視、偵察網，虛擬網路戰爭**早已爆發，且世界各地**恐怖攻擊也頻繁發生**。就現狀而言，自衛隊在海外活動已成常態，因此在心態上也必須將被動的「保全」轉換為更具積極性的「警戒」才是。

　　所謂警戒，指的是指揮官為了保護部隊、平民及其他重要對象而講求的對策。參謀會研擬計畫，透過理解敵方戰略、戰術及準則來強化警戒。

　　軍事行動必定帶有風險，應用本原則時，講求的不是過度謹慎，而是適切的風險管理。

　　2015年4月22日，在日本首相官邸的屋頂發現了一架小型無人機，且這架無人機已經在官邸屋頂停留將近二週時間。「這事根本出乎意料，

完全是戳中盲點」,新聞曾報導某位政府相關人士如此發言,簡直就是將日本國家中樞警備的脆弱曝露給全世界看,令人笑掉大牙。將出乎意料的事情預先納入考量,絲毫不給敵人、敵性勢力讓一分利,這才是「警戒」的本質。

「無人機只不過是玩具,根本不具任何效果。」有報導是如此宣稱,但問題的本質並不在此。遭遇奇襲,且過了將近兩個禮拜都沒人發現,這擺明就是「缺乏警戒心」,無非是為日本社會的現狀深深敲響了警鐘

圖:時事

1-9 奇襲（Surprise）

奇襲的本質在於出乎意料

> 奇襲的用意是攻其不備，在敵人意料之外的時間、地點或以意想不到的方式發起突擊。

奇襲與警戒是兩個互為極端的原則。奇襲主要講求帶給敵人精神上的衝擊，若敵人對於我方採取的行動毫無應對準備，奇襲便告成立。雖然奇襲可以帶來強而有力的衝擊，但卻也只能暫時性的增幅戰鬥效果。

這並不是要讓敵方無法事前察覺即將發生什麼事情，而是要讓敵人知道他們將會措手不及或是無暇應對，這點相當重要。

奇襲成立的要素，包括速度（狀況判斷、情報共享、部隊動向）、有效率的情報活動、欺騙、超出敵人想定的戰鬥力運用（包含使用舊型RPG-7等非對稱能力）、作戰保全，及戰術、戰法的變化。

奇襲最重要的就是不留時間讓敵人作出反應，為了達成此點，必須設法出其不意，並迅速擴大取得之成果，進而達成目標。「居然還有這招」；**以迅雷不及掩耳之勢**搞定一切便是關鍵。

所謂作戰保全，是指**不讓對手摸清我方意圖**。

最近幾年，因東日本大震災而起的大海嘯、核電廠事故，及熊本地震、地球暖化帶來的異常氣候、新型冠狀病毒造成的疫情等狀況不斷出現，這些都是天上掉下來的「出乎意料」。超越對手思考範圍的出乎意料，就是奇襲的本質。

第 1 章 進化的「作戰原則」

▶戰史上充滿了奇襲案例

依時期奇襲	●夜襲、拂曉出擊 ●週末、假日開戰 ……… 珍珠港攻擊、第4次中東戰爭
依地點奇襲	●跨越阿爾卑斯山 ……… 漢尼拔、拿破崙 ●中國紅軍長征
依氣象奇襲	●俄國冬將軍 ……… 拿破崙軍、德軍 ●基斯卡島撤退作戰 ……… 利用海霧
依戰法奇襲	●長篠合戰 ……… 以火槍連射擊退騎兵隊 ●閃擊戰 ……… 讓戰車與俯衝轟炸機協同作戰 ●水陸兩棲作戰 ……… 美國陸戰隊登陸瓜達康納爾島 ●機降作戰 ……… 越戰中的美軍 ●使用夜視設備 ……… 福克蘭戰爭、波斯灣戰爭 ●LIC的不對稱作戰 ……… 游擊、恐怖攻擊、使用舊型裝備
依技術奇襲	●第1次世界大戰出現戰車 ●第2次世界大戰投下原子彈
依空間奇襲	●利用太空 ……… 星戰計畫、飛彈防禦 ●以人造衛星蒐集情報、警戒、監視 ●第5戰場的虛擬網路戰爭

越戰曾大量使用直升機。圖為 1970 年美國空軍的直升機秘密載運偵察部隊自柬埔寨、寮國邊境潛入胡志明小徑執行任務　　　　　　　　　　　　　　　　　　　　圖：美國空軍

29

1-10

簡明（Simplicity）
簡明是王道

> 簡化的目標在於制定明確、單純的計畫與簡潔的指令。
> 計畫越簡單，命令越清晰扼要，就能越有效地避免誤解和混亂。

本原則源於對自古以來流傳的戰爭本質的深刻洞察，即「戰場瞬息萬變，錯誤在所難免，唯有少犯錯者方能取勝」。

毫無疑義的簡潔計畫，毫無疑義的簡明扼要命令，可避免受令者、受令部隊產生誤解，進而迴避混亂。為此，軍隊對於術語的定義、符號、記號、文書實務等都有嚴密規定，並且貫徹全軍。

趕得上時間的簡潔計畫，優於錯失時機的詳細計畫。比起讓麾下部隊難以理解或是窒礙難行的複雜作戰構想，要將重點擺在具發展性的本質性思考想法。

簡潔明瞭的表達方式，對於充滿戰鬥壓力、疲勞困頓、戰場迷霧及複雜度的現代戰爭而言，可大幅促成任務遂行。除此之外，這對多國部隊作戰成功也特別重要。

有道是「簡明是王道」；去除一切多餘事物，就能變得更加洗練，不論是在機能、精神上都能進一步昇華，造就純粹、堅韌、具美感的行動、組織、形態。

軍隊相當重視**基本教練**，基本教練屬於一種紀律訓練，是部隊行動的原點及根本。能夠貫徹基本教練的部隊，毫無疑問就是精銳部隊。

第 1 章　進化的「作戰原則」

> 「除了包圍戰之外，任何作戰的成功要訣，皆在於超越論理的積極判斷。為此，作戰計畫務必講求簡潔且具備彈性。對麾下指揮官必須給予發揮判斷的空間，同時也要讓全員徹底明瞭作戰的基本方針，並隨時準備替代方案」
>
> ——J. F. C. 富勒，Lectures on F.S.R. Ⅲ

參與金色眼鏡蛇演習的陸上自衛隊第一空挺團隊員。他們是日本唯一的傘兵部隊，是一支能以傘降等方式阻止侵略、排除敵人的精銳部隊　　　　　　　　　　　　　圖：美國陸戰隊

1-11

抑制（Restraint）
須節制不必要的部隊使用

> 克制需要仔細且有條理地衡量維護安全的需求、軍事行動的進行，以及國家最終的戰略目標。

　　軍隊往往會因為一時輕率的行為，導致情況演變成重大的軍事、政治後果。有鑑於此，使用軍隊時必須得要特別審慎。

　　超乎必要的過度部隊使用，不僅會讓原本友好且中立的合作夥伴靠向敵方陣營，也會損及自己的正當性、助長敵性勢力正當性。

　　指揮官透過在作戰環境中套用具體規範至細節的交戰規則（ROE：Rules Of Engagement），便可輕易達成恰到好處的「抑制」。

　　交戰規則必須符合「所望戰果與條件」（參閱 **2-2**），**交戰規則會以國家政策作為依據，在各種場合都要與正當防衛表裡一致**。為此，因自我防衛而使用武器便會列為最優先事項。

　　傳統的「作戰九原則」是以戰鬥行為為主，但追加的三項原則卻比較偏向以戰鬥之外的行動作為主要對象。在聯合作戰當中，伴隨行使武力的軍事行動會以九項原則為準，除此之外的行動則會以追加的三項原則來作考量。

　　自 20 世紀末的波斯灣戰爭以降，軍隊所扮演的角色會像右頁圖表所示，從和平時期的行動到戰爭層級都加以劃分，且軍事行動的範圍也會從嚇阻擴大至正規戰鬥。

▶軍隊的角色與軍事行動的範圍

和平 ←―― 持續紛爭 ――→ 戰爭

```
                    大規模戰鬥行動
                    Large-Scale Combat Operations


              危機應處／有限的緊急應處行動
                    Crisis Response and
                Limited Contingency Operations


        軍事介入、協助警備、嚇阻活動
                Military Engagement,
          Security Cooperation ,and Deterrence
```

軍事行動的範圍：廣泛 ↑ ↓ 狹隘

出處：JP3-0 *Joint Operations*

軍事介入、協助警備、嚇阻活動
與相關機構建立聯絡網及關係，在衝突地區將國家間或團體間的日常緊張關係維持在不至於爆發武力衝突的程度。

危機應處／有限的緊急應處行動
聚焦於軍事行動的範圍與規模，在作戰地區達成特定戰略或作戰層級目標。

大規模戰鬥行動
為擊潰敵方軍事力量及能力，實施具決定性的作戰及戰役（Campaign），以追求達成國家目標。大規模戰鬥行動與圖表右端的「戰爭」一致。

1-12

堅忍（Perseverance）
須確實為達成國家目標作出貢獻

> 以文人領軍作為大前提，透過由民選首長與軍事專家的判斷表明之「國民意志」，來決定軍事行動的持續時間與規模。

美國的民選首長是總統，軍事專家是參謀長聯席會議主席，在日本則是首相與統合幕僚長，但統合幕僚長在緊急情況下擔任聯合司令官的立場卻不甚明確。

軍隊的聯合部隊指揮官為了確實追求達成國家目標（符合期望的戰略終結狀態），必須準備計畫周詳的長期軍事作戰──從平時任務到戰爭都包括在範圍之內。

依據狀況，為完成戰略性退場，必須進行為期數年的聯合作戰。欲解決危機的根本原因並沒有那麼容易，有時甚至連確立完成退場的條件都有困難。

為了克服困難狀況，必須具備耐心，**採取堅決、不屈不撓的態度來追求國家目的與目標**。這樣的意志，也包含由外交手段、經濟手段，及講求情報手段的軍事努力作為輔助。

為達成長期任務，考驗的是軍隊本身的耐久力與指揮官的忍耐力。堅決採行的攻勢作戰，雖然能在短時間內迅速收得成功，但在長期穩定作戰（Stability Operations）時，守勢任務與攻勢任務卻得要同時遂行，才有辦法達成最終目標。

▶第一次波斯灣戰爭的全貌

1990年					1991年			1992年
8月	9月	10月	11月	12月	1月	2月	3月～	1月～
2日 伊拉克軍入侵	7日 決定派遣美軍	14日 下達攻勢作戰			14日 空中作戰開始	24日 地面作戰開始 / 27日 停戰		完成大半撤退
沙漠之盾	沙漠風暴						沙漠告別	
守勢作戰			攻勢作戰					撤退行動
後方支援							
戰爭前的緊迫狀況					戰爭		戰爭後的狀況	

▍第一次波斯灣戰爭的結束方式（戰略退卻）

說起波斯灣戰爭，眾人多半會矚目於「沙漠風暴」這場壓倒性的短期決戰，但整個波灣戰爭卻是一場在阿拉伯地區（沙烏地阿拉伯、科威特、伊拉克）持續了兩年的戰役。

多國部隊（主體為美軍）的目標及期望戰果，是將伊拉克軍逐出科威特。此目標經過100小時地面戰鬥並取得勝利後，於2月27日達成。

然而，在風土、文化、習慣等方面皆與其他國家迥異的阿拉伯世界，直到完成撤退行動為止，戰爭都還不算結束。從開戰前到戰爭後，持續一貫遂行最嚴苛任務的，其實是後勤支援相關部隊。

1-13

合法性（Legitimacy）
作戰期間仍須維持守法精神及仁義道德

- 對於使用軍隊的合法性不可或缺的要素
① 作戰與戰役必須基於國家法律實施。
② 實施作戰必須遵守國家認可的國際法與公約，特別是戰爭法規。
③ 戰役或作戰必須透過國家及國際社會來共同支持、強化地主國（Host Nation）政府的權威與認同。

　　合法性是要讓國家賦予軍隊的任務能夠符合國民支持，必須基於國民意志來實施。也就是說，國民輿論的支持是不可或缺的條件。

　　若碰到明顯損害國家利益或陷入人道危機的情況，就更應該進一步強化一般國民對合法性的認同。而他們的認同與認知，是以確信本國軍隊官兵的生命不會遭受不必要或不經意的危險作為前提。

　　合法性講究的是在目標達成上必須獲得國際社會同意，採取行動時對於各種團體的要求皆須秉持公正。

　　為強化合法性，必須限制使用武力、重新編組能夠因應狀況的部隊、保護平民，並確立相關部隊的行動紀律。

▶溫伯格準則（Weinberger Doctrine）

使用軍事力的條件（要旨）
1. 唯有攸關美國或其盟邦之重大利益時，美國方可出兵作戰。
2. 美國出兵作戰，務必全力以赴，以求克敵制勝；否則，便不應派遣部隊。
3. 美國唯有在具備清晰界定的政治與軍事目標，以及達成該等目標之能力時，方可部署作戰部隊。
4. 應持續重新評估目標與投入部隊之規模及組成間的關係，並於必要時加以調整。
5. 若未能「合理確保」獲得美國民意與國會之支持，則不應派遣美軍參戰。
6. 唯有在別無他法之情況下，方應考慮部署美軍。

美國《國防報告書》1986年度

徹底研究越戰敗北的原因

美國陸軍於1973年自越南完全撤退後，便開始徹底研究「越戰為何會打輸？」在這當中，美國陸軍戰爭學院援引《孫子》與《戰爭論》，將研究成果反映於國防政策。

主導研究的麥可・韓德爾（Michael I. Handel）教授之研究成果，體現於溫伯格國防部長的「軍事力使用」（The Uses of Military Power）演說，該演說則反映於1986年度的《國防報告書》，構成「溫伯格準則」。

波斯灣戰爭時，參謀長聯席會議主席克林・鮑威爾（Colin Luther Powell）就是基於溫伯格準則來進行戰爭指導，他的基本想法為「若總統判斷除了軍事力之外沒有其他方法可以達成政治目的時，就必須以具有決定性的方式投入軍事力」。

1-13

● **戰爭犯罪**

自古以來，戰爭就會伴隨許多殘忍行為，並造成眾多人類犧牲。時至今日，這類行為已經違反國際法，稱為**戰爭罪**。

狹義的戰爭罪，指的是在戰爭時期嚴重違反戰時國際法的行為，包括軍人違反交戰規則虐待俘虜、使用毒氣（生物、化學武器）或人員殺傷雷等被國際法禁止的武器等。除此之外，「反和平罪」、「反人道罪」也都算在內。

• **越戰的案例**

在越戰時期，失去紀律、道德、人性的軍隊（美國越南派遣軍），在不具明顯戰線、分不清楚誰是敵人的南越全境，曾犯下無差別殺害當地居民的戰爭罪行（雖然美國並不承認……）。

2013 年於美國出版、2015 年翻譯為日文出版的書籍《殺盡一切會動之物》（*Kill Anything That Moves: The Real American War in Vietnam*，尼克・圖斯，Nick Turse／著，みすず書房），將越戰時期的戰爭犯罪挖掘出來，活生生血淋淋地詳實描寫。

這本書詳細記載美軍士兵在越南做過的各種不法行為與戰爭犯罪，**失去健全性的軍隊到底會幹出什麼事情**——對於這些事實，不能假裝沒看見。

• **烏克蘭戰爭的案例**

現代戰爭的特色之一，就是當地情況會即時向全世界傳播。透過通訊技術的大幅進步與網際網路的普及，當地實況會以照片、影片的形式隨時傳遞至世界任何角落，映入我們的眼簾與耳根子。

烏克蘭戰爭又被稱為「資訊戰爭」，特別是烏克蘭這邊的現地情況，會透過社群網路、推特等各種手段，連日播放電視等畫面，讓我們能夠

隨時知曉當地情形與人們的狀況（雖然只有特定地區）。

俄國這邊雖然一直透過總統、外交部長、聯合國大使講出「俄羅斯並沒有發動戰爭，沒有攻擊烏克蘭」這種說辭，但只要觀看電視畫面，就會明白他們的說法根本毫無可信度（俄羅斯不稱其為戰爭，而是叫做「特別軍事行動」）。

俄軍不僅砲擊車諾比核電廠與札波羅熱核電廠，還轟炸公共設施（醫院、學校、避難所、鐵路、工廠等），就連一般民宅都會遭到飛彈、大砲攻擊，使城鎮化作一堆瓦礫。到底是為何要這麼做？真是令人費解。

雖然確認戰爭犯罪必須經過相當程度的檢證，但光是觀看電視播映的那些畫面，就足以確定**俄羅斯軍的軍事行動很有可能已經構成戰爭犯罪**。

俄軍不僅空襲與軍事設施無關的一般民宅，還用飛彈、野砲、戰車砲加以轟擊，摧毀建築物並殺害居民　　　　　　　　　　　　圖：Ministry of Emergencies of Ukraine

古斯塔夫・阿道夫的野砲
野戰戰術的變貌

　　1630 年，瑞典國王古斯塔夫二世・阿道夫（Gustav II Adolf）透過軍制改革，催生出一款能以較短間隔迅速發射砲彈，且在野外較具機動性的革命性野砲。

　　這款野砲是鑄鐵製的三磅砲，重量為 500 磅（225 kg），可說是劃時代地輕盈。它能以二匹馬牽引，三名士兵即可射擊。除此之外，它還採用將裝藥與彈頭合為一體的彈筒，使發射速度得以飛躍性提升。

　　瑞典推出的這款新型野砲，很快就普及至德國、法國、奧地利，讓陸戰戰術大幅變貌。

古斯塔夫・阿道夫的野砲

第 2 章
決定作戰大框架的 10 項「作戰藝術 (Operational Art)」

若戰區廣大、部隊數量增加、衝突時間延長，戰爭的全貌就無法只靠以師級部隊為主要對象的戰術思考延長線來掌握。20 世紀後半，美軍進入後越戰時代，深感有必要將追求國家目標的戰略與追求殲滅敵人的戰術結合在一起，構成一種新型概念，此即為「作戰藝術（Operational Art）」。本章要介紹的是 10 項「構成作戰藝術的要素」。

2-1

構成作戰藝術的要素

決定作戰大框架的知識工具

　　18 世紀末至 19 世紀初，**拿破崙發現了一個高於戰術層級的「作戰」概念**，讓軍事思想為之一變。他建立了由師及多個師構成的「軍」，將戰區擴大至整個歐洲，為戰爭等於戰術的時代畫下休止符。

　　雖然作戰藝術（Operational Art）在 19 世紀早期便已在歐洲成為軍事理論的一部份，但在大西洋彼岸的美國卻不是這麼一回事。美國陸軍正式採用作戰藝術這項位階高於戰術的概念，要等到 20 世紀後半，在中歐與蘇軍嚴加對峙的冷戰高峰期。

　　美國陸軍之所以會深深感到「光只以戰術層級的相似性簡單地放大理解，已無法應處複雜多變的作戰環境」，是因為軍事平衡已向東側傾斜，西歐有可能會被蘇軍戰車蹂躪。正是這種危機感，促使美國陸軍採用作戰層級這項概念。

　　時至今日，作戰藝術業已成為軍事常識。可惜的是，在日本不論是舊陸軍的《作戰要務令》，抑或是戰後陸上自衛隊的《野外令》，都明顯落後於這種國際潮流。

　　當前的美國陸軍，以 1980 年代的《作戰準則》（FM 3-0 *Operations*）訂出 **10 項「構成作戰藝術的要素」**，將其作為一套知識工具，用以**理解作戰環境、構思作戰及作戰的結束方式，具體決定作戰的大框架**。

　　第一次波斯灣戰爭「沙漠風暴行動」的 100 小時地面戰鬥（1991 年 2 月），是美國陸軍（多國部隊）依據等同於作戰藝術的空地作戰準則進行現代化之後，才得以取得這種無與倫比的勝利，可說是**作戰藝術的開花結果**。

▶ 戰爭的層級

戰略層級	・國家領導者運用外交、情報、軍事、經濟等國家資源，達成國家目標的層級。
作戰層級	・將軍事力的戰術運用與國家目標、軍事目標相互連結的層級，是規劃戰役並加以實行的層級。 ・包含軍長在內的聯合部隊指揮官會基於作戰藝術，對要如何達成軍事目標下達決心。
戰術層級	・旅級戰鬥部隊層級的戰鬥單位等各戰術部隊指揮官為了達成賦予目標，運用戰鬥技術與科學，進行計畫、準備、實行的層級。

▶ 構成作戰藝術的要素

1. 所望戰果與條件 End State and Conditions	6. 作戰階段與作戰的轉移 Phasing and Transitions
2. 作戰的重心 Center of Gravity	7. 戰力極點 Culmination
3. 決勝點 Decisive Points	8. 作戰範圍／攻勢終點 Operational Reach
4. 作戰線與行動主軸 Lines of Operations and Lines of Effort	9. 設定根據地 Basing
5. 作戰的步調 Tempo	10. 毅然甘冒風險 Risk

出處：ADRP 3-0 *Operations*

2-1

● 馬倫戈戰役是近代作戰之先河

　　法國大革命（1789年）剛結束時的法軍，是一支混合舊制軍隊及由一般國民構成的志願兵、召集兵的部隊，性質相當特異。而讓這支**軍隊變成歐洲第一精銳**的人，就是拿破崙‧波拿巴（Napoléon Bonaparte）。

　　法軍透過第一次遠征義大利（1796年）與遠征埃及（1798～1801年）累積經驗，在各個階級都有戰鬥經驗豐富的官兵。1800年第二次遠征義大利的馬倫戈戰役（Battle of Marengo），包括砲兵統籌運用與騎兵對步兵的支援在內，所有部隊皆展現驚人的高水準戰術能力。

　　編組能夠自律行動的「師」，是拿破崙獨創的戰術革新之一，他麾下擁有數個像這樣的師，編組成可以獨立行動的軍，**創造出現今蔚為常識的作戰構想**。透過編組軍級單位，可讓部隊作戰區域變得更為廣闊，能執行多起作戰。

　　拿破崙直接率領五萬餘人部隊跨越阿爾卑斯山脈的大聖伯納德山口（Great St Bernard Pass），繞至奧地利軍背後，於1800年6月2日抵達米蘭，完全阻斷奧地利軍的退路（後方聯絡線）。

　　在此期間，奧地利軍以主力攻擊駐義法軍，6月4日攻克熱那亞，並在英國艦隊支援下傾全力對付拿破崙軍。如此這般，發動馬倫戈戰役的時機已告成熟。

　　然而，拿破崙畢竟也是凡人，他判斷奧地利軍將會撤退，犯下讓部隊過於分散的失誤。

　　6月14日，馬倫戈戰役爆發。**拿破崙軍與奧地利軍各有三萬餘人兵力**，上午10點左右，奧地利軍開始在馬倫戈附近發起攻擊。

　　奧地利軍集中所有部隊攻擊部份法軍，下午3點～4點左右，法軍遭到擊敗。此時，遠在後方往反方向移動的法軍的德賽兵團（Desaix）獨斷決定朝砲聲來源方向反轉，於下午5點左右與敗走部隊會合。在這種危機狀況下，拿破崙以德賽兵團為核心，於下午6點轉為反擊。

▶ 馬倫戈戰役的戰鬥序列（1800 年 6 月）

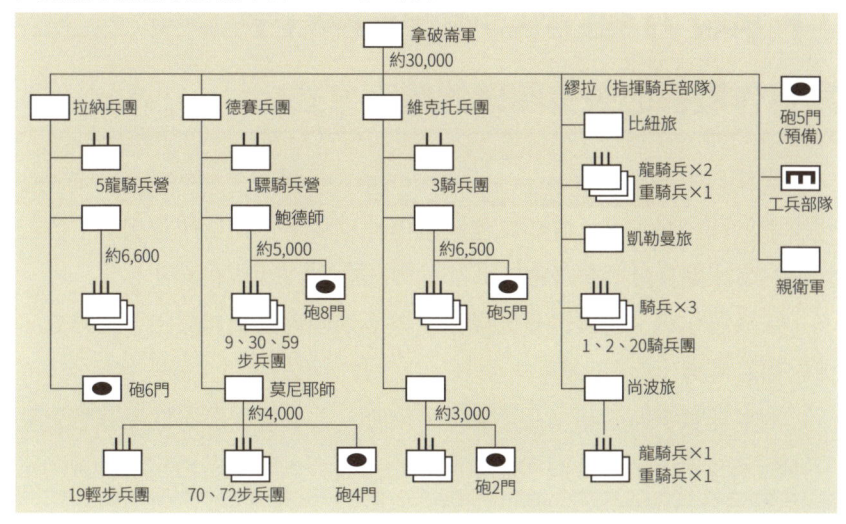

```
                           拿破崙軍
                           約30,000
  拉納兵團    德賽兵團    維克托兵團   繆拉（指揮騎兵部隊）    砲5門（預備）
                                        比紐旅
   5龍騎兵營   1驃騎兵營    3騎兵團                          工兵部隊
              鮑德師                    龍騎兵×2
                                        重騎兵×1
   約6,600    約5,000      約6,500                          親衛軍
                                        凱勒曼旅
   砲6門      砲8門         砲5門
              9、30、59                 騎兵×3
              步兵團                    1、2、20騎兵團
              莫尼耶師                  尚波旅
              約4,000       約3,000
                                        龍騎兵×1
                                        重騎兵×1
   19輕步兵團  70、72步兵團  砲4門  砲2門
```

出處：James R.Arnold, *Marengo & Hohenlinden*

拿破崙在不穩定混雜的戰場中，樹立戰場焦點，並堅決下令攻擊，讓形勢一口氣逆轉。

這正是軍神拿破崙大顯神威的場面。

指揮官的決斷力、對勝利的強烈執著，及能夠回應這些條件的部隊舉動等，相輔相成造就了這場逆轉勝。德賽將軍在這場反擊戰臨陣當先衝鋒突擊，最後壯烈成仁。

與拿破崙戰爭之前讓所有部隊皆聽令於單一指揮官的戰術相比，馬倫戈戰役顯現出近代作戰攻守自如的特色。有鑑於此，馬倫戈戰役可說是場劃時代作戰，堪稱近代作戰的先河。

2-2

作戰所望戰果與條件

所有作戰都必須有明確的結束方式

我首次看到「End State and Conditions（所望戰果與條件）」時，心裡留下的印象是「咦、有必要做到這種地步嗎！」現在回想起來，自己當時的想法還真是稚嫩淺薄，真是有夠丟臉，已經深深反省。

在構思作戰、研擬計畫的階段，就必須明確訂出作戰的了結方式，這已經是常識。最令人衝擊的事實，在於我自己根本就欠缺這樣的常識。

太平洋戰爭時，日本這個國家（政府、大本營）根本就沒有想過戰爭的結束方式，這件事很常被人提起。在日本人的思考過程中，真的是欠缺對於「所望戰果與條件」這種想當然耳的常識發想。

所謂符合期望的戰果，指的是在該時間點之下，符合指揮官期待的一連串條件皆能成立。**指揮官會依軍事決策程序，將所望戰果列入計畫研擬方針明白提示**（狀況判斷會在第 5 章說明）。

只要能夠明確所望戰果，就能統一努力、強化聯合、做到同時性，並且促進有規律的獨立判斷、降低各種風險。

本項目是將**「作戰原則」中的「目標」具體化**，明確定義所有軍事行動、屏除曖昧，指向具決定性且可能達成的目標。

遂行作戰時，指揮官會透過各種正式、非正式手段來判斷是否能夠達成「所望戰果與條件」。若難以達成，就必須另外尋找新的手段。

●「沙漠風暴行動」的結束方式

1991年2月27日下午，鮑威爾參謀長聯席會議主席與史瓦茲柯夫總司令（Norman Schwarzkopf）討論過後，對布希總統提出建言，認為解放科威特的目的已經達成，應下令在28日之內停止攻擊。布希總統則回應：「如果所有使命皆已達成，那就應該現在馬上停火才是」。

> 史瓦茲柯夫透過鮑威爾得知布希的意見後，也贊同道：「越早停戰，就越能避免人命損失」。在這場會議即將召開的華盛頓時間下午一點鐘，史瓦茲柯夫在利雅德的記者會上表示：「伊拉克的軍力已經無法再對這個地區構成威脅」。至於鮑威爾則回憶道，「當然，總統若希望比照第二次世界大戰，逼著對方全面投降，那也不是不行。（中略）即便如此，我們仍有（來自聯合國的）明確授權，並且正在達成使命，所以才向總統再次確認是否停止戰鬥行為」。
> ── 千千和泰明／著《戦争はいかに終結したか》（中公新書、2021年）

「雖然有達成軍事目標，但打倒海珊政權的戰爭目的卻未達成」、「『沙漠風暴作戰』的結束是政治上的失敗，應該徹底追擊才是」，這些論調直至今日都還爭執不休。然而，政治、軍事兩造指導者對於作戰結束方式形成共識這點，仍然值得給予正面評價。

柯林・鮑威爾參謀長聯席會議主席（左）與諾曼・史瓦茲柯夫總司令（右） 圖：美國陸軍

47

2-3

作戰的重心

所謂重心，是指敵方力量的中心，同時也是弱點

作戰的重心源於《戰爭論》。克勞塞維茨在《戰爭論》的第 8 篇第 4 章如此定義：「所謂重心，是指敵方力量的中心，同時也是弱點。攻擊重心，將可擊敗敵軍，達成戰爭目標」。

美國陸軍在 1973 年從越南完全撤退後，便徹底研究「越戰為什麼會打輸？」美國陸軍戰爭學院透過古兵法書《孫子》、克勞塞維茨／著《戰爭論》、約米尼／著《戰爭概論》進行分析，研究成果最後收錄進美國陸軍的基本準則 FM3.0《作戰》，並反映於「構成作戰藝術的要素」。

重心是為軍隊在物質、心理兩個層面上帶來戰鬥力、行動自由，或發起行動之意志的動力來源。軍隊一旦失去重心，就注定要敗北。物理上的重心，是指作用於物體各部位之重力的集中點，若不能定出重心，物體就會不穩定。

研擬計畫時，對於重心的考量，可說是將會左右作戰的成敗。通過對敵方重心的考察，可以準確地識別出敵方的優勢和弱點。

完全理解作戰環境、理解敵軍如何編組、戰鬥、下達決策，便能掌握敵方重心，並將目標指向該重心。

重心同時也帶有考量為了達成任務目標之相關事物的意思，透過這些作為，研擬計畫的人員便能擘劃通往作戰重心、決勝點（參閱 **2-4**），及符合所望戰果與條件的最佳路徑。

確信中央司令部（多國部隊）取得勝利的瞬間，在於發動地面戰鬥 3 天後的 1991 年 2 月 27 日。

● 從波灣戰爭來看「重心」

- 波斯灣危機剛發生時，美國陸軍情報機構就已經詳細分析伊拉克總統薩達姆・海珊的軍事戰略，認為伊拉克軍的作戰重心在於共和衛隊，因此地面作戰目標便設定為在伊拉克軍自科威特撤退之前必須擊敗共和衛隊。
- 「沙漠風暴行動」擔任中央司令部（多國部隊）總司令的史瓦茲柯夫將軍也同意伊拉克軍的重心在於共和衛隊，因此當共和衛隊實質上已無法構成威脅時（2月27日），便確信多國聯軍已經獲得勝利。

——美國陸軍官方戰史
《確信的勝利》（Certain Victory: The U.S. Army in the Gulf War）

伊拉克軍團司令官（中將）賽義夫丁・福萊赫・哈桑・塔哈・拉維（Saif Al-Din Al-Rawi）得知美軍在巴廷乾河戰役（Wadi al Batin）完全擊敗他們認定的伊拉克軍重心共和衛隊後，為了防守伊拉克本土，下令重新配置共和衛隊殘部，並立刻自科威特撤退。由此可見，伊拉克軍也承認自己已經失去重心。

伊拉克軍最精銳部隊是由共和衛隊司令官拉維中將指揮的三個精銳重裝部隊（漢摩拉比裝甲師〈1st Hammurabi Armoured Division〉、依賴真主機械化師〈3rd Tawakalna ala-Allah Mechanised Division〉、麥地那裝甲師〈2nd Al Medina Armored Division〉），這些師都配備蘇聯製造的T-72戰車。

至於對伊拉克軍團重心——拉維軍發動攻擊的，則是自歐洲調來的最精銳第7軍（第1騎兵師、第3裝甲師、第1步兵師、英國第1裝甲師等）。

2-4

致命的要害

致命的要害對於重心有極大影響力

　　所謂致命的要害，指的是一旦能夠掌握，便可對敵獲得壓倒性優勢，或是能對達成目標作出物理性貢獻的要素，例如**地理上的位置、特定重要事件、決定性因素或機能**。

　　作戰部隊指揮官要精準鎖定敵方致命的要害，將之設定為明確、具決定性且可能達成的目標，以直接創造所望戰果，攻擊目標也是如此選定。

　　所謂地理上的位置，包括港灣、機場設施、物資輸送網與交叉路口、作戰基地等。敵方部隊的一些特殊情況、因素、機能也會成為決勝點，例如投入預備部隊或重啟重要石油精煉設施等。

　　致命要害的共通特性，在於對重心具有重大影響力。致命要害並非重心本身，而是攻擊或防護重心所必須的要點，是與重心構成一體系統的部份。

　　敵軍為了保護自己的重心，會在致命要害投入相當大量的資源。若致命要害暴露，重心就會弱化，並讓其他要點也陷入危險，最後導致重心本身直接遭到攻擊。

　　致命要害同時適用於作戰層級與戰術層級，若我方能對其完成掌握，便能確保作戰、戰鬥的主動性，更容易進行維持、擴張，進而達成任務。反之，若致命要害被敵掌握，我們的攻勢就會停滯不前，很快就會達到戰力的轉折點，致使敵方發動反擊。

第 2 章　決定作戰大框架的 10 項「作戰藝術（Operational Art）」

● 從「沙漠風暴行動」看「決勝點」

> 　　負責攻擊伊拉克軍重心部隊的第 7 軍軍長法蘭克斯中將（Frederick M. Franks Jr.），看出共和衛隊保護的「致命要害」是伊拉克軍的預備部隊，因此便計畫在展開地面進攻之前，透過空中攻擊將之擊潰。
> 　　若伊拉克軍的預備部隊仍然健在，那麼第 7 軍發動進攻包圍共和衛隊之前，側面就有可能遭受打擊。為此，法蘭克斯中將便集中派出空中戰力，徹底擊潰伊拉克軍的預備部隊。「沙漠風暴行動」的地面戰鬥之所以僅花 100 小時便取得勝利，是因為在展開地面作戰之前，便已擊潰伊拉克軍的預備部隊，讓共和衛隊孤立無援，終能大獲全勝。
>
> ──美國陸軍官方戰史《確信的勝利》

「沙漠風暴行動」中，飛行於燃燒油田上空的美國空軍 F-15C 與 F-15E、F-16A　　圖：美國空軍

2-5

作戰線與行動主軸

作戰線與行動主軸應當結合

　　所謂**作戰線**，是與敵軍相關的時間性、空間性部隊動線，是連結部隊、作戰基地與目標的線。作戰線是由一連串「致命要害」連結而成，可以掌控地理上的目標，也就是部隊所應朝向的目標。

　　作戰線分為內線與外線兩種形式，攻勢與守勢、內線與外線的組合，會取決於作戰地區的地理條件與位置條件（例：周圍皆被敵人包圍的以色列）。

　　內線作戰是將部隊集中於中央，能以較短作戰線迅速調動部隊，也就是所謂的弱者戰法。

　　外線作戰則是屬於強者戰法，部隊會從多個方向往敵方部隊集中，使敵軍難以應處。

　　行動主軸擁有濃厚的軍政色彩，也就是帶有行政管理特性。若說作戰線是物理上的連結，行動主軸便是理論上的連結。

　　行動主軸與取自目的論的多項任務具有強烈關聯，比起地理上的關係，較像是要設法確立「所望戰果與條件」。

　　指揮官在遂行綏靖任務、民事防務支援任務之際，**常會使用行動主軸**。所謂綏靖任務，是為了維持、恢復安全安心的環境、支援行政服務、整備基礎建設、提供人道支援等，是在國外進行的活動（參閱 **2-7**）。

　　雖然這與地理上的位置及敵方或敵性勢力幾乎沒有連動，或是並不一致，但在**研擬長期計畫時，行動主軸會顯得相當重要**。為了將作戰目標合而為一，作戰線與行動主軸應當相互結合。

第 2 章　決定作戰大框架的 10 項「作戰藝術（Operational Art）」

▶內線作戰與外線作戰

內線作戰　　　　　　　　　　外線作戰

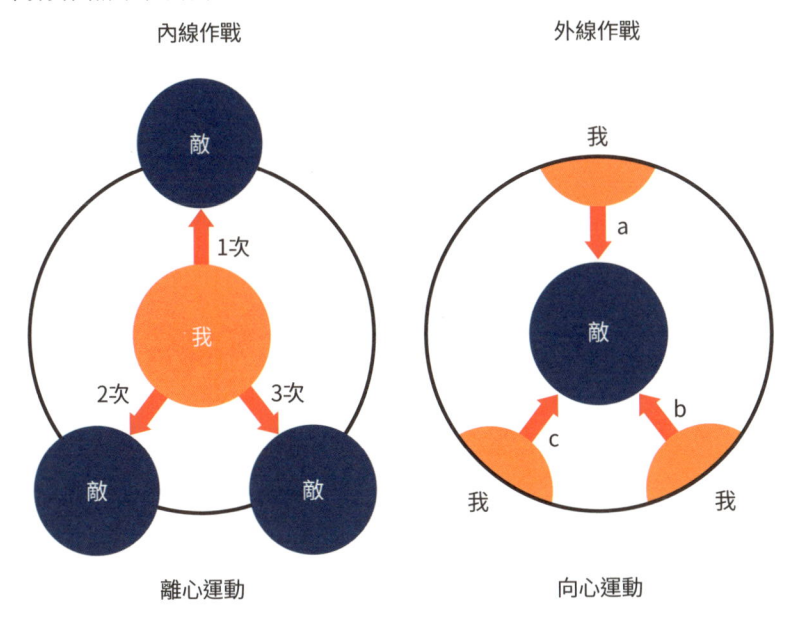

離心運動　　　　　　　　　　向心運動

內線作戰利用的是戰鬥力的離心運動。在數次中東戰爭中看到的以色列國防軍作戰方式，皆為集中戰鬥力、逐次擊敗敵軍的典型內線作戰。外線作戰則是戰鬥力的向心運動，實施分進合擊、包圍、突破等，屬於強者戰法（6-16 及 6-24 會說明內線作戰與外線作戰的範例）。

● 作戰線與行動主軸的結合

> 透過結合作戰線與行動主軸，指揮官可在長期計畫中納入穩定或民事防務支援任務（DSCA）。將之結合後，指揮官便可轉換作戰，確保取得成果，並設定終結作戰的條件。
>
> —— ADRP（Army Doctrine Reference Publications）3-0
> *Operations*

2-6

作戰的步調
掌握步調，維持主導權

　　所謂作戰的步調（進度），是指作戰期間與敵方部隊保持一貫相對速度與節奏（周期性變動），步調會直接影響到軍事行動的進展。只要能夠控制步調，便能維持戰鬥期間的主導權，也能在陷入人因危機之際迅速恢復平常心。

　　戰鬥期間要努力維持克敵制勝的快速步調，迅捷的步調可以封住敵軍反擊能力。在執行作戰以外的行動之際，快速動作也更能掌控事態，避免情勢轉向對敵方陣營有利。也就是說，為了不給敵方留下應對餘裕，維持快速步調相當重要。控制步調須注意以下 3 點。

第 1 點──為了讓作戰能夠同時、持續實施，須研擬可以相互彌補、增援的計畫。

第 2 點──迴避不必要的戰鬥。為此必須跳過敵方反抗組織，避開非必要的地點。

第 3 點──以任務式指揮助長麾下部隊的獨立判斷與獨立行動（任務式指揮請參閱 6-28）。

　　具效果的作戰構想，可順應狀況維持速度與衝擊力，並調整步調的緩急變化，增加作戰的持續性。**比起速度，要優先重視步調**。指揮官即便碰到可以發揮速度的狀況，依舊得要以作戰的持續性與作戰範圍（參閱 2-9）效果作為優先，對速度進行調整。

　　「先下手為強」、「先發制人」這兩個成語，指的就是不要被對手牽著鼻子走，而是要採取先制主動、迅雷不及掩耳、掌握狀況、最終獲取勝利的態度，並保持這種心態。

第 2 章　決定作戰大框架的 10 項「作戰藝術（Operational Art）」

▶錯失擊敗「沙漠之狐」良機的英軍指揮官

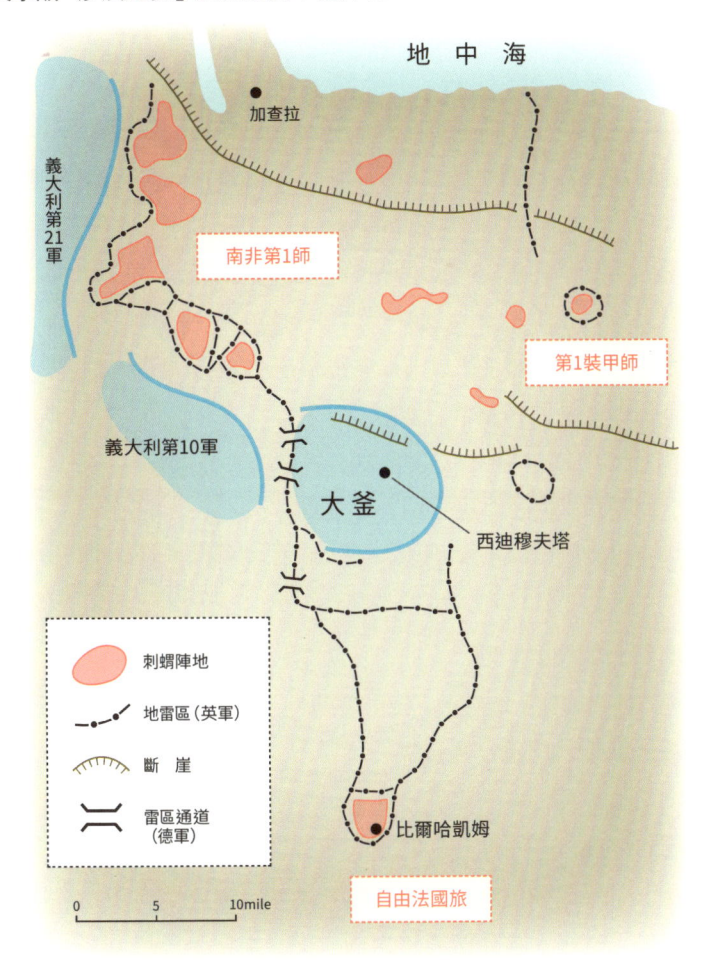

地中海
加查拉
義大利第21軍
南非第1師
第1裝甲師
義大利第10軍
大釜
西迪穆夫塔
比爾哈凱姆
自由法國旅

刺蝟陣地
地雷區（英軍）
斷崖
雷區通道（德軍）

0　　5　　10mile

若沒能適當控制步調，就有可能會錯失致勝良機。1942 年 5 月發生在加查拉（Gazala，利比亞）附近的戰役，由隆美爾將軍指揮的德國非洲軍被英軍主力與地雷區（即為知名的大釜陣地）前後包夾，差點遭到殲滅。若英國第 8 軍團（里奇將軍）能掌握這個天賜良機，集中所有戰鬥力攻擊非洲軍，那麼「沙漠之狐」的未來將會大不相同。但現實是英軍指揮官們討論了一個禮拜仍然沒有結果，只是坐等隆美爾的部隊自行瓦解，完全沒有發動大規模攻擊。里奇將軍雖然手握足以擊潰隆美爾軍的戰鬥力，但步調卻被對手牽著鼻子走，導致錯失致勝良機

55

2-7

作戰階段與作戰的轉移
追求同時性、縱深性、維持步調

　　作戰階段是將作戰依時間或行動進行劃分的計畫研擬及作戰實施手法，從一個階段進入下一個階段的變化，一般會在任務、部隊序列（律定從屬關係）或接戰規定（ROE, rules of engagement）方面有所調整。

　　透過區分作戰階段，會讓計畫研擬及實施管制變得更加容易。作戰階段的區分，會以時間、距離、地形或事件明確表示。**同時性、縱深性、步調對於各種作戰而言是不可或缺的要素。**

　　雖說如此，部隊卻也無法隨時隨地都能滿足這3點。碰到這種狀況，就必須限制「同時應處目標」與「致命要害（地點）」的數量。作戰的各個階段必須明確訂出以下3項條件：

①應努力朝向的焦點
②向「致命要害（地點）」集中時間性、空間性戰鬥力
③達成計畫、理論上的目標

　　作戰的轉移，是在作戰即將進入下一個階段時，或在實施作戰與分支作戰的空檔時改變焦點。**變更攻擊、防禦、穩定或民事防務支援任務的優先順序，也包含在作戰轉移之內。**部隊在作戰轉移期間，必須了解接戰規定會進行調整。

　　實行作戰轉移之前，必須有周詳計畫與準備。唯有準備到位，才能維持部隊的作戰動力與作戰步調。作戰轉移期間，部隊會處於脆弱狀態，因此在實行時必須訂立明確條件。

第 2 章　決定作戰大框架的 10 項「作戰藝術（Operational Art）」

▶控制於致命要害的活動

	戰術行動（Tasks）	目的（Purposes）
攻擊 （Offense）	・戰鬥前進 ・陣地攻擊 ・擴張戰果 ・追擊	・排除敵部隊，將之孤立、切斷、擊潰 ・奪取關鍵地形 ・奪取敵方資源 ・更新最新情報 ・欺騙及切斷敵軍 ・為安定作戰提供安全環境
防禦 （Defense）	・機動防禦 ・陣地防禦 ・後退行動（撤退）	・阻止或破壞敵軍攻擊 ・取得時間 ・節制兵力 ・確保關鍵地形 ・防護居民、重要設施、基礎建設 ・更新最新情報
穩定 （Stability）	・維持治安 ・確立文人領軍 ・恢復基礎設施 ・支援統治 ・支援重建經濟／基礎建設 ・實施保安協助	・提供安全環境 ・確保安全的陸地區域 ・應處居民的緊急要求 ・獲得對地主國政府的支援 ・共創讓各協力機關及地主國成功的環境 ・促進安全、構築夥伴能力、提供接觸管道 ・更新最新情報
民事防務支援 （Defense Support of Civil Authorities）	・提供對國內各種災害的支援 ・提供對國內化學、生物、放射性物質、核子傷害的支援 ・提供對國內民法執行機關的支援 ・提供其他有需要的支援	・保護生命 ・恢復基礎設施 ・恢復法律及維持秩序 ・保護基礎建設及財產 ・支援維持或恢復地方政府 ・整備在國際取得成功的環境

控制致命要害的活動，是由攻擊、防禦、穩定或民事防務支援持續且同時組合而成。軍事作戰包含這 4 種活動，並會依據任務與當時狀況來決定優先順序，然後付諸實行

出處：FM 6-0 *Commander and Staff Organization and Operations*

2-8

戰力極點

以攻擊、防禦讓相對戰鬥力發生劇烈轉換

　　戰鬥力不管是攻擊還是防禦，只要持續從事戰鬥，就會到達戰力極點，因為士兵損失、補給不足、疲勞困頓、敵方兵力增援等原因，面臨遭到各個擊破的危機。

　　所謂戰力極點，指的是部隊已經無法繼續遂行攻擊、防禦、追擊的時間點。極點代表相對戰鬥力發生劇烈轉換，在戰爭的各個層級、攻方及守方都會發生。

　　擔任攻擊的部隊，會無法繼續從事攻擊而轉為防禦或是中止作戰。至於防禦中的部隊，則會因為無法繼續承受敵軍攻擊而選擇脫離，或是面臨遭到擊潰，此時就是極點。

　　戰力極點是在計畫上可以預測的事件。作戰部隊能想定在哪個部份會出現極點，屆時若須繼續執行任務，就要在部隊序列中增加部隊（預備隊）。為了在到達極點以降還能繼續從事作戰，就要投入增援部隊，或是重新編成戰術單位。

　　1944 年 7 月的塞班島失陷，就是太平洋戰爭的極點。塞班島失陷後，日本全境就都進入美國戰略轟炸機 B-29 的空襲範圍，且日軍已失去制海權與制空權，根本束手無策。

　　若能在戰爭開始前明確設定「所望戰果與條件」，那麼在 1944 年 7 月——到達極點的時候——也許就能結束戰爭也說不定。然而，當時的政府與軍部，既無此睿智，也缺乏勇氣與決斷力。

第 2 章 決定作戰大框架的 10 項「作戰藝術（Operational Art）」

▶ 戰力極點的成因

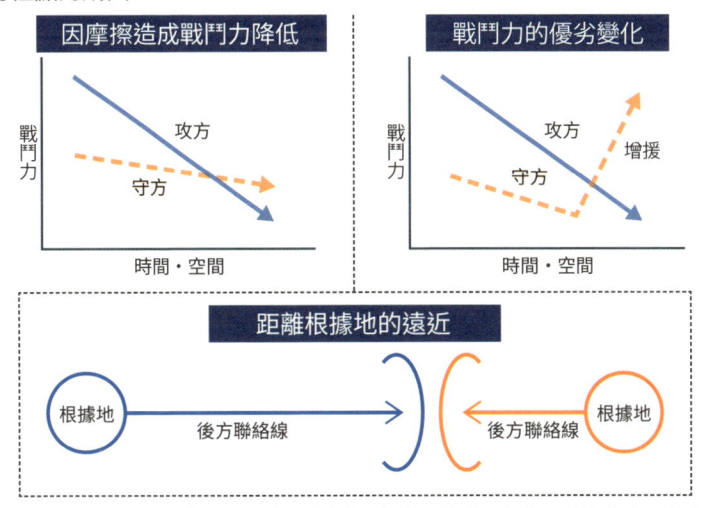

因摩擦造成戰鬥力降低

（戰鬥力 / 時間・空間；攻方、守方）

戰鬥力的優劣變化

（戰鬥力 / 時間・空間；攻方、守方、增援）

距離根據地的遠近

根據地 ── 後方聯絡線 ── 後方聯絡線 ── 根據地

根據地也包含補給地在內，若距離較遠，就會有礙補給。為此，相對戰鬥比在某個時間點就會發生逆轉

▶ 戰力極點的意義

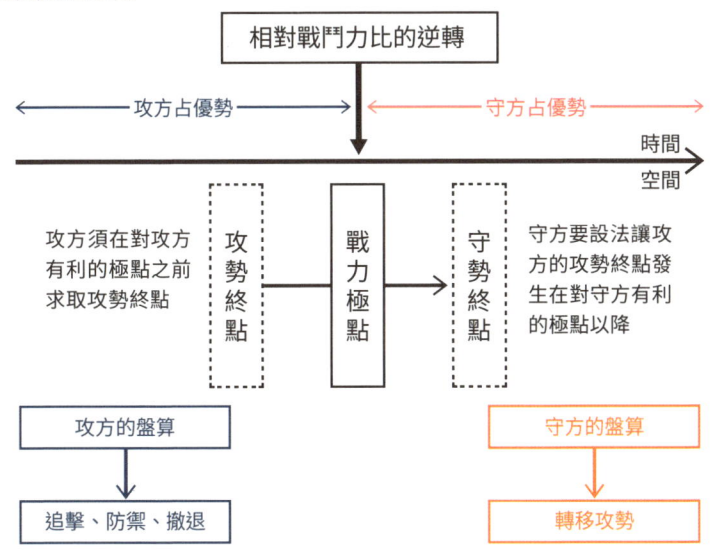

相對戰鬥力比的逆轉

← 攻方占優勢 → ← 守方占優勢 →

時間 / 空間

攻方須在對攻方有利的極點之前求取攻勢終點 ── 攻勢終點 ── 戰力極點 ── 守勢終點 ── 守方要設法讓攻方的攻勢終點發生在對守方有利的極點以降

攻方的盤算 → 追擊、防禦、撤退

守方的盤算 → 轉移攻勢

參考：戰理研究委員會／編《戰理入門》（田中書店，1969 年）

2-9

作戰範圍／攻勢終點
作戰範圍是限制動物行動的鎖鏈

作戰範圍就如同限制動物行動的鎖鍊（Tether），也是情報、防護、戰力維持、持續力、相對戰鬥力能夠發揮機能的範圍。部隊作戰範圍的界限就是極點。

作戰範圍指的是讓戰鬥部隊能夠隨時隨地進行運用的**持續力**，遭遇敵軍抵抗時戰鬥部隊能以主動且快步調進行反復打擊的**衝擊力**，自敵軍行動或環境確保戰鬥部隊安全的**防護力**這三種力皆能保持平衡的範圍。

指揮官及參謀為了在戰鬥部隊到達極點之前確實達成任務，要設法盡可能延伸作戰範圍。

持續力會依根據地的距離與環境受到不利影響，但還是可以透過部隊編成、防護、維持能力進行產生。所謂持續力，指的是洞察戰況上的各種要求，並將能夠使用的資源以最具效果、效率的方式加以運用。

衝擊力來自發揮主導權，並以快步調行動壓倒擊潰敵軍抵抗。指揮官在攻擊、防禦、穩定、民事防務支援的各種組合上，要透過洞察與迅速轉移作戰的方式來維持衝擊力。

防護力是作戰範圍不可或缺的王牌。指揮官要洞察敵軍行動與環境會如何妨礙作戰，判斷出維持作戰範圍所須的必要防護能力。

指揮官及參謀要分析友軍與敵軍的現狀，及民事考量事項（參閱 5-13），洞察極點與獲得的成果，若有必要，則須計畫中止作戰。

第 2 章　決定作戰大框架的 10 項「作戰藝術（Operational Art）」

▶從瓜達康納爾島作戰來看作戰範圍、攻勢終點

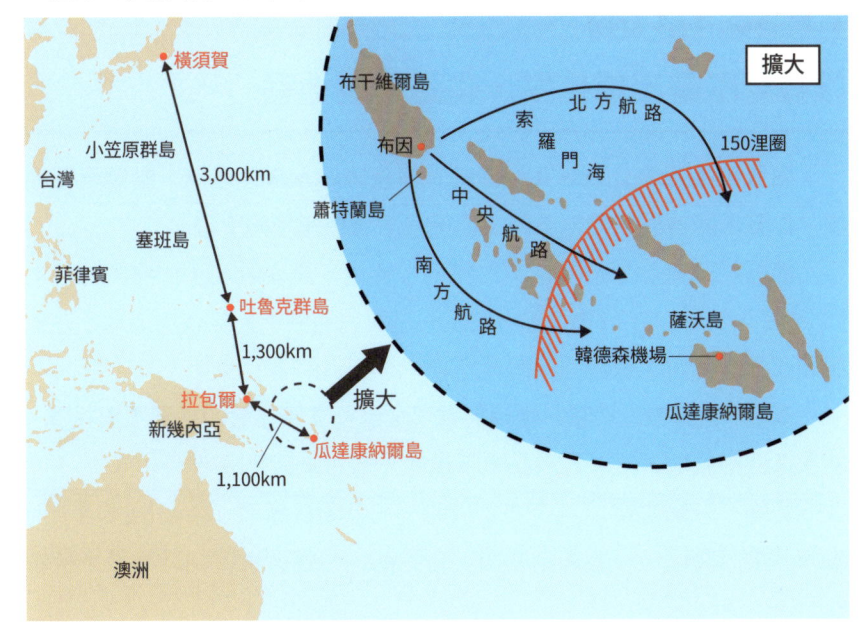

日軍為了從拉包爾根據地支援瓜達康納爾島，必須保住約 1,100km 的後方聯絡線，但要一直維持這條線，就現實而言是不可能的。假設將布干維爾島的布因設定為堅固的根據地（包含機場），並能加以確保，那麼瓜達康納爾島作戰就還算可行。美軍登陸瓜達康納爾島後，在韓德森機場進駐戰鬥機與轟炸機，確保了瓜達康納爾島周邊的制空權。瓜達康納爾島周邊的制空權與制海權都被美國掌握，讓日本海軍只能在美軍戰鬥機無法飛行的夜間靠近瓜達康納爾島。從選擇遠遠超出作戰範圍、攻勢終點的瓜達康納爾島作為戰場這一點，便能看出日軍欠缺作戰藝術的理念，是本質上的失敗

2-10

設定根據地

根據地既是出擊據點，也是退避地點

　　海外根據地會分為永久性基地、設施與非永久性基地、營區兩種類別。作戰部隊會從根據地出擊，並接受來自根據地的支援。

　　根據地一般會基於長期契約與地位協定，設定於地主國境內。日本於 2011 年 7 月在吉布地共和國開設的基地就是例子，該基地是為了在索馬利亞海域與亞丁灣對付海盜而設置。

　　基地、營區包含支援、維持部署部隊進行軍事作戰的必要軍事設施。非永久性的基地、營區若有必要，也能升格為永久性基地。

　　基地、營區會當作具有特定目的──中間根據地、後勤根據地，及臨時基地、營區──的據點使用，有些基地、營區也會同時具備多種功能。

　　陸軍部隊對於開設遂行作戰所必須的中間根據地、臨時基地、營區、前進根據地時，為了盡速發揮功能，會設法善用現有基地與營區。將之作為中間根據地等利用，便能同時部署、運用陸上戰鬥力，遂行具有縱深的作戰。

　　藉由開設中間根據地，可確保、維持部隊部署的戰略基石，且能取得足以讓作戰在時間、空間上進行擴大的充分「作戰範圍、攻勢終點」。

　　第一次波灣戰爭爆發時，美軍在沙烏地阿拉伯的請求下，派遣部隊進駐該國，但作戰卻是在毫無根據地、基地、營區的狀態下開始的。

> 　　正確的戰術，是將攻擊與防禦密切組合在一起；想要在戰鬥中獲勝，取決於如何保持這樣的組合。只要能持續這樣的組合，就有辦法取得勝利；若無法持續，則會導致敗北。有鑑於此，就一般原則而言，戰鬥的目標，就是要分離敵軍攻擊與支撐攻擊的根據地。簡而言之，就是要除掉敵方攻擊部隊的根據地。
>
> ── J. F. C. 富勒／著《裝甲戰》（*Armored Warfare*）

　　富勒在《講義錄 野外要務令第Ⅲ部》（*Lectures on Field Service Regulations III*）中，反覆提及根據地（Base）是部隊賴以生存的據點，同時也是補給基地。

　　根據地從具備機場的大規模設施，到補給基地、以反戰車阻絕設施鞏固的防禦陣地等，有各種不同類型，既是攻方的出擊據點，也是陷入危機時的退避地點。

● 英軍登陸聖卡洛斯並設定根據地

　　以大約 3,000 人為主幹的英軍第 3 陸戰旅，於 1982 年 5 月 21 日夜間在東福克蘭島的聖卡洛斯（San Carlos）附近展開登陸，至 25 日已讓大約 5,500 人的全兵力完成登陸。

　　聖卡洛斯是地面部隊的登陸地點，同時也是之後地面作戰的根據地。英軍自聖卡洛斯出擊，朝向最終目標首府史坦利前進，而聖卡洛斯便是支援進攻部隊的補給基地。

　　基於位在南半球的福克蘭群島氣象條件，作戰時間限制僅到 6 月中旬（相當於北半球的 12 月），依據狀況，也有可能得在冬季紮營。若真如此，聖卡洛斯根據地就會成為地面部隊的退避基地。

2-11

毅然甘冒風險
甘冒風險，必須基於有充分的理論支持的假設上

風險是指導致危機、產生損害的可能性，具有相當重大性。**各種軍事行動都會伴隨風險、狀況不明，但同時也帶有機會。**

若指揮官毅然甘冒風險，便能親自掌握作戰主導權，並創造保持、擴張的機會，最後取得決定性戰果。

毅然甘冒風險的意志，常會化作超乎敵方預料（超出估算）的行動，成為找出敵方弱點的關鍵。

然而，**為了正確理解風險，卻必須具備正確的評估及膽識、想像力，再加上基於有充分的理論支持的假設。**

不適切的計畫、在準備不足下實行，及因為過於追求情報、準備的完整性而導致實行有所延遲，都會令部隊擔負風險。**適切的評估與刻意容許風險，是實施作戰的基本，對於任務式指揮相當重要。**

經驗豐富的指揮官，會巧妙維持勇敢無畏，以及對風險、不確實性想像力之間的平衡，以超乎敵方部隊預料的時期、地點、手法，對敵進行打擊。艾森豪的諾曼第登陸作戰就是一個典型案例。

作戰若欲成功，重點在於維持風險、摩擦、機會不確定性的平衡，這同時也是在國際社會激烈競爭下求取生存的智慧。領導者不能只求安全第一，而是得要能作出毅然甘冒風險的「有勇決心」。

第 2 章　決定作戰大框架的 10 項「作戰藝術 (Operational Art)」

● **艾森豪毅然甘冒風險的登陸決心**

　　1944 年 6 月 6 日進行的諾曼第登陸作戰，同盟國遠征部隊總司令艾森豪上將與防守法國大西洋海岸的德國 B 集團軍總司令隆美爾元帥對於**氣象條件的判斷差異**，可說是勝負的分水嶺。

　　艾森豪在 6 月 5 日的 D-day 決策會議上聽取氣象參謀「惡劣天候將會出現空隙，意料之外的好天氣有可能會持續 36 小時」的報告後，便下定決心於翌日展開攻擊。

　　隆美爾則判斷英吉利海峽惡劣的氣象狀況必然導致同盟國部隊無法登陸，因此便與作戰部長一起回到德國本土出差，放任盟軍登陸自家後門。

　　雖然同盟國陣營與德國陣營都有掌握氣象狀況，但同盟國陣營是由包括總司令在內的首腦齊聚一堂聽取氣象預報，並由艾森豪下達「毅然甘冒風險」的決心，成功執行登陸。

　　「孤注一擲」這句成語表現出強韌的精神，「毅然甘冒風險」也是同樣的道理。孤注一擲是指前進也入地獄，停駐也陷地獄的狀況，也正是這樣的狀況，迫使艾森豪下達決心。

諾曼第登陸作戰即將展開前，前往鼓舞部隊的艾森豪。　　圖：美國陸軍

65

線膛槍

射程與命中精準度是滑膛槍的 5 倍

　　15～19 世紀中葉，雖然步槍已從火繩式進化至燧發式，但射程（200m 左右）與效果（無貫穿力的圓彈）卻無顯著進步。

　　1840 年代，線膛槍（來福槍）開始發達，**與以往的滑膛槍相比，射程、命中精準度皆提升至 5 倍**。不僅有效射程達到 1,000 碼（900m），殺傷力也大幅增強。

　　1860 年代，後裝式線膛槍問世，發射速度是前裝槍的 3 倍，且還能進行臥射（以俯臥狀態裝填並射擊）。像這樣的兵器技術革命，也連帶使得步兵戰術從密集戰術轉變為散兵戰術。

法軍在普法戰爭（1870～1871 年）使用的後裝式線膛槍夏塞波步槍（Chassepot）

第 3 章
戰鬥力的本質

戰鬥力（Combat Power）分為由戰車、大砲、彈藥等構成，能夠數值化的有形戰鬥力，及由部隊的團結、紀律、士氣、訓練程度等構成無法計量的無形戰鬥力。本章要探究「何謂戰鬥力的本質」，概觀作為戰鬥力發揮舞台的戰場地形與氣象、以行使戰鬥力為前提的情報作為（指揮官的情報需求、各種情報分野等），及維持、增進戰鬥力的機能（後勤、衛生、人事等）。

3-1

戰鬥力　其之①
拿破崙被貶為「不懂戰術」

　　拿破崙展現身手的 18 世紀末至 19 世紀初，軍隊主要是由步兵、砲兵、騎兵三種兵科構成，且軍隊是以徒步行軍方式移動至戰場。

　　拿破崙的作法，是一天行軍 25 英里（約 40km），並從事戰鬥，之後進行休整與野營。「我只知道這種打仗方法，」當時擔任拿破崙參謀的約米尼（Antoine-Henri Jomini）如是說（約米尼／著《戰爭藝術》〈The Art of War〉）。

　　眾所皆知，拿破崙**很重視動能公式〔K=$\frac{1}{2}$MV²〕**，這是把軍隊的「戰鬥力 K」視為「兵力數 M」與「速度平方 V²」的乘積，因此特別重視行軍速度。

　　按照以往的作戰方式，若我方戰鬥力總數劣於敵軍，那麼只要敵軍沒有犯錯，這場仗肯定是打不贏。拿破崙之前的戰爭，是將所有兵力展開為橫隊，自正面硬碰硬衝突，屬於遵循蘭徹斯特第 1 法則（參閱 4-20）的作戰方式。

　　拿破崙對橫隊戰術這種步兵密集隊形持否定態度，將之轉換成最能發揮動能效果的縱隊戰術。另外，以往僅作為部隊移動手段的行軍，也被當成可以形成有利態勢的機動手段而加以重視。

　　也就是說，要比敵人先一步進入要衝，趁敵態勢尚未完備之時，發動縱隊突擊擊潰敵軍。加爾達湖畔（Lake Garda）的各個擊破（參閱 6-2），就是誕生於這種革命性的發想轉換，揭開現代化戰術的序幕。出乎意料的歐洲各國守舊派將帥，卻因此將拿破崙貶為「根本不懂戰術」。

▶拿破崙的作法

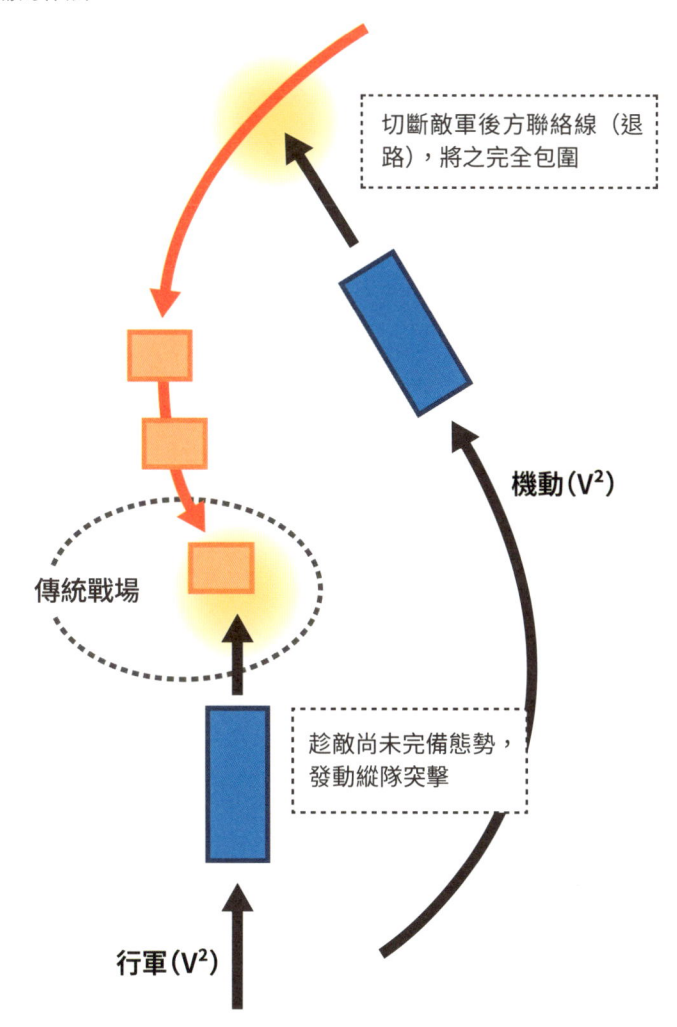

切斷敵軍後方聯絡線（退路），將之完全包圍

機動(V^2)

傳統戰場

趁敵尚未完備態勢，發動縱隊突擊

行軍(V^2)

在拿破崙時代之前的戰爭，敵我雙方會在戰場上投入全力展開橫隊，自正面發動攻擊。拿破崙則會以超出敵軍的行軍速度移動，趁敵尚未完備態勢之際，發揮卓越動能擊潰敵軍。此外，他也會派出部隊大幅繞過預設戰場，切斷敵軍退路，將之完全包圍。拿破崙的作法，可說是戰術的一大革命

3-2

戰鬥力　其之②

戰鬥力的使用原理為集、散、動、靜

　　日本海海戰當時（1905年5月）的聯合艦隊參謀秋山真之，被譽為日本海軍首屈一指的戰術家。擔任戰術教官的秋山真之中佐，在日俄戰爭前後於海軍大學為甲種學生講課的內容，彙整於講義錄《海軍基本戰術第二編》。

　　秋山將作戰的三大要素歸納為時（Time）、地（Place）、力（Energy），**並將力列為第一，地與時則依序次之**。他的意思是作戰首先得要著眼兵力優劣，接著觀察地之利弊，最後才考量時機適當與否。

　　力（Energy）指的是戰鬥力，不論有形、無形，都是人為形成。戰鬥力顯然是戰勝與否的關鍵，但在陸戰時，卻也會受地形與時間大幅影響。

　　要說戰術的關鍵，簡單講就是取得戰鬥力、地形、時間三大要素的平衡。例如若戰鬥力不足，就要利用地形或時間來彌補；如果沒有時間，就要以地形或戰鬥力來補足。

　　有鑑於此，戰鬥力該如何使用，就會是個重點。作戰是力與力的對抗，在地形、時間條件下，將集、散、動、靜加以組合，**強者勝而弱者敗**，形成所謂的**優勝劣敗戰理**。

　　戰鬥力的集、散、動、靜如右圖所示。即便整體兵力屈居劣勢，只要能在決勝點掌握優勝劣敗的狀況，還是有辦法取勝。**選擇集、散、動、靜的最佳組合，創造出致勝條件，就是指揮官的戰術能力所在**。

第 3 章　戰鬥力的本質

▶戰鬥力的狀態及用法

戰鬥力（Energy）	集	戰鬥力匯集則能強
	散	戰鬥力分散則顯弱
	動	戰鬥力能動則強化
	靜	戰鬥力靜止則弱化

戰鬥力匯集且能動時最為強大，「集」×「動」的戰術行動是為攻擊，無非是擊潰敵軍的最佳手段。反之，「散」×「靜」則為防禦，顯然不利發揮戰鬥力。如何在決勝點採取「集」×「動」作為，就是決定勝負的關鍵

秋山真之，日本海海戰當時的聯合艦隊參謀
出處：秋山真之會／編《秋山真之》

71

3-3

戰鬥力　其之③
構成戰鬥力的 8 項要素

　　戰鬥力包括有形要素與無形要素。

　　有形的要素包含師的數量等兵力量，及戰車、大砲等兵器的數量與品質。這些要素**某種程度可以用數值進行計算**，構成戰鬥力的基礎。

　　無形的要素則是指構成部隊的個人及團體在身心兩方面的能力，包括指揮官的領導統御、部隊的紀律、士氣、團結、訓練等。至於這些要素會對戰鬥力帶來多大比例的影響，則**很難換算成具體數值**。

　　舊日本陸軍面對物質力量強過於己的敵人時，講求的是精實訓練、必勝信念、軍紀嚴明、充沛的攻擊精神等，仰賴以精神層面戰勝敵軍的無形要素。而**偏重這些無形的要素**，在近代戰爭根本派不上用場，透過第二次世界大戰已經實際證明。

　　至於美軍，給人的印象則是**偏重有形的要素**，靠著宛若推土機般的物資量排山倒海輾壓對手，但他們卻也還是在越戰當中落得失敗結局。

> 「戰捷關鍵，在於綜合各種有形無形戰鬥要素，於要點集中發揮優於敵方的威力」
> 「致勝的重點在於綜合有形、無形戰鬥力，於要點集中發揮勝於敵之威力」
>
> ──《作戰要務令綱領》

　　這是古今中外共通的大原則，基於第二次世界大戰前後的教訓，可以得知**保持無形的要素與有形的要素平衡的重要性**。下表列出構成現今美國陸軍戰鬥力的八項要素，仰賴領導力與資訊，將六種戰鬥機能一體發揮，構成戰鬥力。

▶構成戰鬥力（Combat power）的 8 項要素

	領導力	形成健全的作戰理念、維持部隊紀律、賦予部隊動機、鞏固所有戰鬥力要素 ● 加倍戰鬥力，將各種戰鬥機能整合為一體。 ● 良好的領導力能彌補所有戰鬥機能的短處，差勁的領導力則會白白浪費所有戰鬥機能的長處。
	資訊	與知曉、令其知曉有關的廣泛概念，是作戰環境中的強大工具 ● 決定作戰成敗的關鍵活動力。 ● 所有士兵都能透過螢幕顯示的作戰圖理解現況，各級指揮官則能藉由電腦硬體、軟體、各種通訊手段等迅速判斷狀況。
戰鬥機能	移動、機動	為了對敵部隊形成有利態勢，調動部隊的機能和系統 ● 移動（Movement）與機動（Maneuver）的差異，在於是否附帶火力。
	作戰情報	促進理解作戰環境、敵、地形、氣象、民事考量事項的機能和系統 ● 包含指揮官要求、下令實行的ISR（情報、監視、偵察）。 ● 情報資料的蒐集、分析、解明敵情等情報活動的一貫程序。
	火力	統一目標情報程序（蒐集、處理、傳達）與一體化的間接火力、聯合火力、飛彈防禦等，並進行調整、實行的機能和系統 ● 為了發揮適切火力，達成預期效果，考量我方能力、時間、資源，將作戰情報整合於目標情報程序相當重要。
	維持戰鬥力	確保行動自由、擴大作戰範圍、增加持續性的機能和系統 ● 依靠維持戰鬥力的能力來決定作戰範圍與時間。 ● 提供後勤、人事服務、健康服務支援。
	任務式指揮	聯合其他 5 個戰鬥機能的機能和系統 ● 僅賦予部隊「任務」，具體實行要領交由部隊處理。 ● 在上級指揮官的企圖範圍內，鼓勵部下獨自判斷。
	防護	防護部隊（人、物），令戰鬥力能作最大限度發揮的機能和系統 ● 包含部隊防護、防空、飛彈防禦、士兵救援、反恐怖攻擊、部隊健全、反化生放核（CBRN）、危機管理、防止危險、未爆彈處理、維持法律與秩序、保護居民與資源等。

參考：美國陸軍準則 ADRP 3-0《作戰》（*Operations*,〈2016 年版〉）

3-4

戰場的地形

地形可用「OAKOC」5 項要素來評估

　　筆者即便已經退伍超過 20 年，仍然沒辦法改掉以戰術觀點來看地形的習慣。每當走過道路，只要稍微有點傾斜，就會令我在意，從新幹線車窗看見丘陵，總會思考那裡適不適合當作陣地。

　　地表上的森羅萬象都會影響到地面戰鬥。從戰術觀點來看，**地形可透過以下 OAKOC 這 5 項要素進行評估**，此為不分敵我的共通方式。

- 視野、射界（Observation & field of fire）：視野會受氣象、地形（稜線、植被、人造物等）條件影響。射界為戰車等直射武器及大砲、迫擊砲等間接火力的効力範圍。

- 接近路徑（Avenues of approach）：攻擊部隊前往攻擊目標或關鍵地形的空、地路徑，包含地面、空中及地下接近路徑。在城鎮戰時，地下接近路徑特別重要。

- 關鍵地形（Key terrain）：若能占領或維持住，便能帶來顯著利益的地點或區域，或是為達成任務而必須控制的作戰地區內之地形。

- 障礙（Obstacles）：為擾亂、停止、迂迴、阻止敵方部隊移動而構成的各種障礙物。包含自然障礙物、人工障礙物及混合障礙物，雷區也算在內。

- 掩蔽、隱蔽（Cover & concealment）：掩蔽是指防護敵軍火力效果，隱蔽是指防護敵軍偵察、監視。掩蔽、隱蔽良好的地形，可限制敵火射界。

　　這 5 項要素，會依部隊規模、部隊特性（機械化部隊、步兵部隊等）影響而有變化。

第 3 章　戰鬥力的本質

▶戰車的射擊位置與視野、射界、掩蔽、隱蔽關係

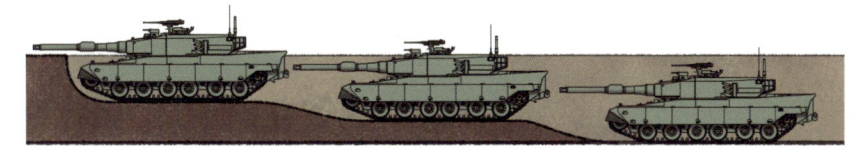

底盤遮蔽　　　　　　　砲塔遮蔽　　　　　　　完全遮蔽

底盤遮蔽位置：以掩蔽、隱蔽底盤的狀態射擊戰車砲。雖然砲塔正面會暴露於敵，但即使中彈，也是打到裝甲最厚實的部位，較不易被擊毀。

砲塔遮蔽位置：掩蔽、隱蔽砲塔以下部位，以免遭到敵方直射武器攻擊。車長會從砲塔頂部探頭，用望遠鏡觀察敵方。若使用砲塔頂部的車長觀瞄鏡，便能瞄準發現的目標並準備射擊，讓戰車前進至底盤遮蔽位置開火。

完全遮蔽位置：可對敵直射武器做到完全掩蔽、隱蔽，但我方視野、射界也同樣歸零。雖然是最安全的待命位置，但卻無法發揮戰車效用。

沿著接近路徑前往攻擊目標的戰車與步兵。接近路徑對於攻方、守方來説都是很重要的路徑
圖：陸上自衛隊

3-5

戰場的氣象
暮幕膚接迫近敵陣

　　古有「暮幕膚接」這樣的詩句表現，指的是利用日落之後，從航海暮光到天文暮光這段夜幕低垂時能見度急速變化的現象。

　　利用能見度急速縮短的這段終昏時間靠近敵陣地，等到能見度歸零時再發動衝鋒，此即為**終昏攻擊**。筆者還是年輕幹部的昭和時代，會稱此時段為 EENT（End of Evening Nautical Twilight），相當重視。

　　至於始曉之後能見度急速變化的時段，美國陸軍與陸上自衛隊則稱為 BMNT（Beginning of Morning Nautical Twilight），「黎明攻擊」、「始曉攻擊」、「天明」等辭彙仍在使用。

　　然而，時至今日，終昏攻擊、始曉攻擊、EENT、BMNT 等辭彙幾乎已經屏棄不用。這是因為夜視技術已有長足進步，即便是在夜間，也能比照白晝進行活動。

　　然而，氣象屬於自然現象，即便夜視裝置可將黑夜變成白晝，但仍有許多無法透過科學技術克服的氣象條件存在。**起霧、降雨、降雪、沙暴等現象都會限制能見度**，對於戰場上所有部隊的戰鬥力發揮都會造成重大影響。

　　「看不見」這件事對於士兵的心理會造成不安，陷入疑神疑鬼的狀態。若能在戰場上善用這種效果，便可達成奇襲功效。反之，若是疏於警戒，就會遭到敵人的奇襲。

　　「夜襲的要訣在於準備周全，並且對敵發動奇襲」，若將這句話的夜間解釋為能見度惡劣，那麼這項原則至今仍舊很管用。雖然夜視裝置有大幅進展，但「闇夜＝零能見度」這項特性卻仍未完全消除。

第 3 章　戰鬥力的本質

▶黎明攻擊、始曉攻擊、終昏攻擊與曙暮光的關係

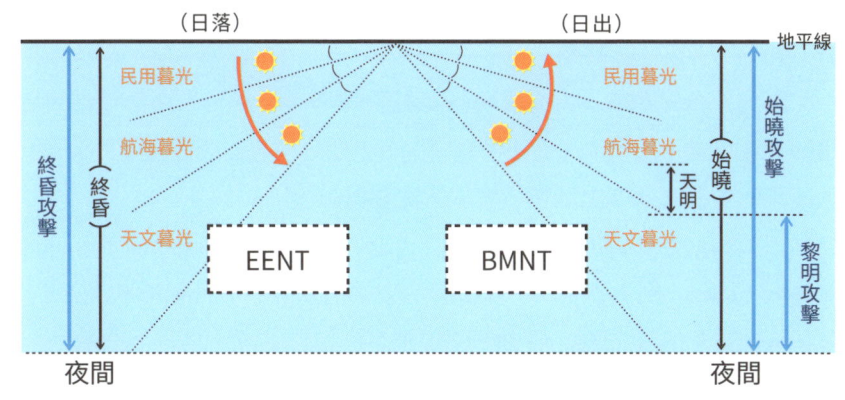

（日落）　　　　　　　　　　（日出）　　　　　　地平線

民用暮光　　　　　　　民用暮光

航海暮光　　　　　　　航海暮光　　天明

天文暮光　　　　　　　天文暮光

EENT　　　　　　　BMNT

終昏攻擊　終昏　　　　　　　　始曉　始曉攻擊　黎明攻擊

夜間　　　　　　　　　　　　　　　夜間

天文曙暮光：可目視確認地形起伏與植被的微光。
航海曙暮光：能見度急速縮小、擴大，也就是所謂的「晝夜轉換點」，在戰術上會利用這個微
　　　　　　妙的時段。
民用曙暮光：即使不點燈也能比照白晝活動。
天明：砲兵可執行觀測射擊。

現代的夜間戰鬥勝負取決於夜視裝置性能　　　　　　　　　　　　　　圖：陸上自衛隊

77

3-6

情報 其之①
情報不會自動送上門來

　　現代社會是個資訊（情報資料）氾濫的時代，然而，真正必要的情報卻不會自動送上門來。蒐集情報時，首先要分辨真正需要知道的資訊，然後再朝各個方向伸出觸角，才有辦法取得。

　　指揮官最想知道的情報，在陸上自衛隊稱為 **EEI**（Essential Elements of Information，情報要項），美國陸軍則稱 **CCIR**（Commander's Critical Information Requirement，特別情報需求）。

　　指揮官在作戰計畫、作戰命令中會明示 EEI 或 CCIR──稱為情報需求──，啟動部隊的各種情報蒐集機能，針對指揮官真正想要獲得的情資進行蒐集。

　　2011 年 3 月 11 日，福島第一核電廠因為東日本大地震發生前所未見的災害。當時民主黨政權的首相官邸，卻未開設國家指揮中心。

　　翌 12 日早晨，搭乘自衛隊直升機前往現場的菅直人首相（當時）表示：「當地情報並沒有充分傳遞給我，所以我就親自前來福島第一核電廠視察，直接聽取核電廠廠長等人的陳述，以擬訂今後對策」。

　　這樣的言行實際上是有問題的；**依組織經營常識來看，如果指揮官沒有具體指示情報需求，必要的情報就不會自動送上門來**。出身自社運人士的菅首相，實在是欠缺這種指揮大規模組織的能力。

　　首相應該做的事情，是坐鎮於官邸，明確下達 EEI 指示，全面動員包含現地在內的國內外情報機能，蒐集真正派得上用場的情報，然後研擬應處的大方向。

第 3 章 戰鬥力的本質

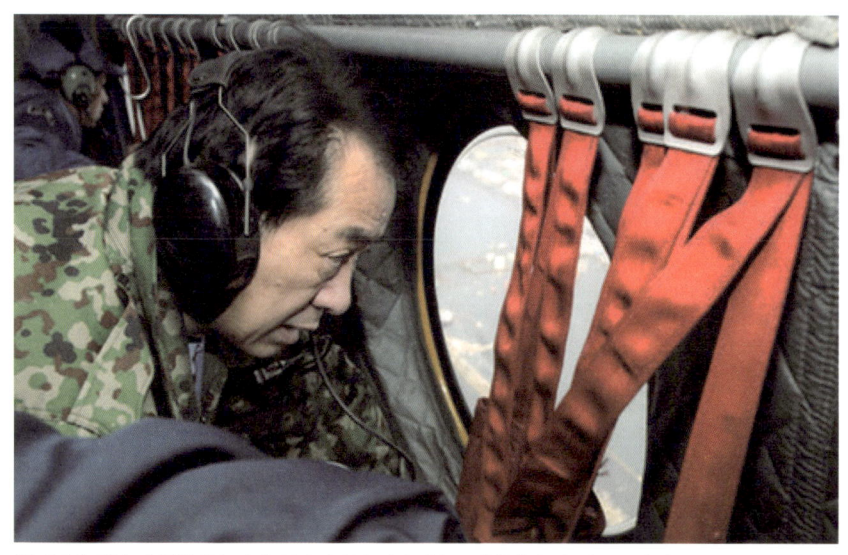

搭乘自衛隊直升機前往視察的菅直人首相（當時）。雖然指揮官前往當地也很重要，但也要看時間與場合。指揮官最大的職責是下達決心，為此該做些什麼應當要區分清楚

圖：首相官邸官網

遭遇 6 級強震，又被大海嘯侵襲的福島第一核電廠，發生爐心熔毀、氫氣爆炸、建築物毀損、大量放射性物質擴散等前所未見的大災難　　　　　　　　　　　　　　　　　圖：東京電力

3-7

情報 其之②
Information 與 Intelligence

　　Information 與 Intelligence 在日文都翻譯為「情報」，但就軍事領域而言，前者會稱「情報資料」，後者才叫「情報」。也就是說，直接取得的第一手訊息叫做情報資料，將之處理成能夠使用的形式則是情報。

　　3-6 已講過「情報不會自動送上門來」，而蒐集情報資料，並將之轉換為情報的一連串流程稱為**情報程序**（右圖），此程序可簡化為以下要項。

- 首先，旅長會明示其最想知道的 CCIR——例如敵軍防線位於何處。
- 旅部情報參謀（S2）會研擬 ISR（情報、監視、偵察）計畫，讓全旅準備進行蒐集。
- 基於 ISR 任務，各情報部隊、機關（偵察營、軍事情報連、步兵營的偵察排、野砲營的雷達等）開始蒐集具體情報資料。
- 蒐集到的情報資料會透過網路與系統彙整至旅部情報科。情報科會處理這些情資，將之轉換為情報——敵軍於○○線佈防——並向旅長報告。
- 旅部會基於這些情報（敵軍於○○線佈防）開始執行軍事決策程序（參閱第 5 章），最後研擬攻擊計畫、命令。

　　情報會直接影響指揮官的狀況判斷，且不會自動送上門來，必須基於指揮官提出的情報需求，而主動收集和完善（Produce）的資訊。

第 3 章　戰鬥力的本質

▶情報程序的概要

機能	計畫 Plan	確定特別情報需求（CCIR），及因應確定後的情報需求決定具體實行手段的一連串活動。 ● 確立情報通訊網、研擬ISR計畫、對已報告的情報資料進行評估等。
	準備 Prepare	在接獲作戰計畫、命令或指揮官企圖後同時展開，由相關參謀、各級指揮官實際進行的各種活動。 ● 成立情報組織，執行硬體、軟體、通訊、網路測試，確立共同作業、報告程序等，實施情報評估、簡報等。
	蒐集 Collect	基於 ISR 任務，蒐集、處理、報告情資的相關具體活動。 ● 將蒐集到的第一手資料格式化（沖洗照片、製作影像、翻譯外語、標準化電子資料等），製作成資料庫。
	產製 Produce	將以各種手段透過單一或複數來源蒐集到的新情資、已經過評估、判定的情資、自上下級部隊、組織、非軍事機關取得的既存情資、情報等進行綜合判斷，產製成能夠滿足情報需求的「情報」。
業務	情報的知識化 Generate Intelligence Knowledge	對情報參謀提供實施作業所需之作戰環境相關知識，以作為情報評估、任務分析的基礎。 ● 製成資料、檔案，用於分析任務、調查情報（判別欠缺的情資、分析蒐集能力、應對狀況變化等）。
	分析 Analyze	分析情報、情資、應解決的問題，並解決問題點，回應指揮官的情報需求。 ● 分析敵方能力、友軍弱點、戰場環境相關情報與情資。 ● 分析應解決的各種問題，判別情報、情資來源的意義、情報出處及相互關係。
	評估 Assess	為進行決心下達及調整，在作戰程序的計畫、準備、實施階段持續監看目前狀況、作戰進行狀況、作戰成功率。
	分發 Disseminate	在適當時機將正確情報分發給必要之人員與部署。 ● 情報的分發，會透過指揮系統（無線通訊網、視訊會議、機動管制系統等）、參謀系統（情報系統無線電、參謀會談、電話、視訊會議、陸軍指揮系統的特定部門等）、技術系統（火力、技術支援、情報、ISR等）各種管道進行。

蒐集情報資料，彙整成情報　　　參考：美國陸軍準則 FM2-0,《情報》(Intelligence)

3-8

情報 其之③
軍事情報的領域既廣泛又多元

● **公開情報：OSINT（Open-Source Intelligence）**

透過發表、聲明、文件、公共傳播等公開媒體及網路等方式，對廣泛大眾公開的情報。嚴格來說，這只能算是情報資料，與軍事情報屬於不同範疇。但就如「**只要重新整理公開情報，便能獲得98%的秘密情報**」（手嶋龍一、佐藤優／合著《情報：無武器的戰爭（暫譯）》〈インテリジェンス 武器なき戰爭〉）這句話所說的，公開情報對於戰略情報等高層級情報部門而言，也是不可或缺的情報來源。

雖然公開情報很少會直接應用於戰場，但平時累積威脅目標國家的準則、編成、裝備、運用、戰術、戰法等，對於開始進行狀況判斷時，仍是有效的基礎資料。在這樣的基礎上，透過執行情報程序，便能產製出符合指揮官需求的「情報」，取得情報優勢。

● **人員情報：HUMINT（Human Intelligence）**

為了釐清威脅目標國家的部隊區分、企圖、編成、兵力、配置、戰術、裝備、士兵及能力，透過有關人員或多媒體等管道蒐集的情報資料。

受過訓練的情報人員會依據指揮官的情報需求，以人員作為情蒐道具與手段，直接或間接蒐集情報資料。

在師級單位，**軍事情報營／戰場監視旅**會透過無人機系統、通訊、電子情報、人員蒐集關於敵軍、氣象、地形、民事的情報資料，並且進行反情報活動。

旅級部隊直轄的**戰術情蒐排／軍事情報連**會透過尋問、聽取、情報提供者、取得文件等方式蒐集情報資料，並且進行反情報活動。

第 3 章　戰鬥力的本質

人員情報在作戰、戰術層級也扮演重要角色,但在戰略情報領域卻特別受到矚目。

1941 年夏季,德國人理查・佐爾格(Richard Sorge)將日本捨棄「北進」,選擇「南進」的情報送往莫斯科。據說就是依據這項情報,使得蘇聯不再擔心遭到日軍侵略,而能專心對付德國。雖然佐爾格事件至今依舊充滿謎團,全貌尚未曝光,但仍可說是人員戰略情報左右國家命運的典型案例。

波斯灣戰爭時,駐伊朗日本大使館透過情報活動得知「伊朗將不會參戰」這項情報,也是屬於這個領域。伊拉克入侵科威特之際,美國雖然在沙烏地阿拉伯請求下派出軍隊,但最大的隱憂則是伊朗是否參戰。

伊朗與美國並無邦交,因此沒有手段可以獲取相關情報,而彌補這個空缺的,便是來自日本大使館員的人員情報。

雖然日本遭到國際非難「只出錢(130 億美金),沒出力」,但其實檯面下還是有這樣的舉動(手嶋龍一/著《外交敗戰(暫譯)》〈外交敗戰〉)。

● 影像情報:IMINT(Imagery Intelligence)

透過光學攝影機、紅外線、雷射、多光譜攝影機、雷達等方式蒐集到的影像化情報。各種感測器會將目標物藉由底片、電子顯示器或其他媒體,以視覺、電子、數位化的方式呈現。

無人機排/監視連/偵察營會運用小型無人機(配備紅外線攝影機,可自地面透過筆記型電腦、桌上型電腦操作,飛行距離 10km、飛行時間 80 分鐘),在旅作戰區進行空中偵察。以紅外線攝影機拍攝的影像情報,會透過網路即時向旅部回報。

斥候排/偵察連/偵察營配備的 LRAS3 熱像式遠距離監視系統,可透過內建 GPS 正確測定目標位置與本身位置。對於 10km 遠的目標,

能以不到 6m 的誤差進行標定，透過 FBCB2（旅以下戰鬥指揮系統）進行目標情報報告、火力需求、狀況確認等。

電視可說是 IMINT 最具代表性的媒介，如今不論是太空站上的活動、地球上各個角落發生的事，都能透過通訊器材與網路媒介，即時播映於家家戶戶的客廳。

遠距離監視系統 LRAS3　　圖：美國陸軍

若透過網際網路搜尋海量資料，包括影像在內的各種情資，就能瞬間顯示於個人電腦。今日不只是戰場環境，到處都已呈現這種狀態。

● 信號情報：SIGINT（Signal Intelligence）

透過通信情報（COMINT）、電子情報（ELINT）、外國儀器信號情報（FISINT）等方式取得的情報。

地面感測器排／監視連／偵察營會運用先知系統（Prophet）――可 24 小時、全天候偵測、監聽、標定地面敵軍，並且即時回報的通訊情報感測器――及各種無人地面感測器，進行地面監視、電子偵察。

戰略情報幾乎不會浮上檯面，以下為其中一個案例。

1983 年 9 月 1 日，大韓航空的 747 巨無霸客機在庫頁島南端的莫涅龍島（Moneron Island）海域上空遭蘇軍戰鬥機擊落。位於北海道稚內的陸上自衛隊電波監聽機關，當時有截聽到蘇軍戰機通訊，證實是由蘇軍戰機擊落大韓航空客機。

這是**通信情報**的具體案例。但是公開或洩露攔截到的情報內容，在很多方面會損害國家利益，可以說這是當時政府的缺失。

外國儀器信號情報是透過外國設置於太空、地面、地下、海中的實

驗性及實用的機器發出的信號（自動測量裝置、信標、答詢指令訊號、影像資料等），以獲得技術情資及情報。

● **技術情報：TECHINT（Technical Intelligence）**

為了防止遭到技術奇襲、評估外國科學力與技術力，及開發化解敵方技術優勢的對抗手段，蒐集有關威脅目標國及外國軍事裝備、物資等的情報。

第一次世界大戰時登場的戰車、第二次世界大戰時投擲的原子彈、沙漠之盾行動大量使用的先進夜視裝置，都算是**戰場上的技術性奇襲，而遭奇襲的一方則全無對抗手段。**

● **科學（測量、特徵）情報：MASINT（Measurement and Signature Intelligence）**

以情報蒐集的技術領域為對象，對固定或移動目標進行偵測、追蹤、識別，或說明其特異性質與特徵。科學情報包含**雷達情報、音響情報、核子情報、化學、生物情報（物質）**。

雖然科學情報與技術情報有所重複，不過技術情報算是對裝備進行分析（例如野砲的砲彈），MASINT（科學情報）則是透過綜合判斷來研判砲彈初速。

MASINT 是在 1986 年列入情報分類，以往的訊號情報無法判定隱藏、掩蔽於地下的設施，或是埋有何種地雷。但透過綜合分析影像、訊號等多方情報，便有辦法弄清楚地下設施、地雷的實態。MASINT 廣泛涵蓋戰略領域至戰術領域，就戰術而言，可積極在戰場上滿足指揮官的情報需求。

核生化作戰（NBC, Nuclear、Biological、Chemical）偵察排／監視連／偵察營配備 3 輛史崔克化學、生物、放射性及核子（CBRN, Chemical、

3-8

CBRN 偵察車　　　　　圖：美國陸軍

Biological、Radiological、Nuclear）偵檢車，可透過 NBC 偵檢釐清敵軍是否使用核子、生物、化學武器（測量放射線、檢測物質等），並確認汙染地區（落塵等）。

● **地理空間情報：GEOINT（Geospatial Intelligence）**

說明、評估地球上的物理特徵與地理學活動，並解析影像及空間情資，以進行視覺描繪。**地理空間情報是由影像、影像情報、空間情資所構成。**

地理空間情報是在美國陸軍野戰準則《情報》（2010 年版）出現的新概念。情報的使用者從**國家層級到戰術層級都包含在內，範圍相當廣，由美國國家地理空間情報局（National Geospatial-Intelligence Agency）統籌管理。**

影像：透過太空站上的國家情報偵察系統、衛星、飛機、無人機等獲得的影像、資料等。

空間情報資料：透過遙測、感測器、地圖製作系統、監視系統、測量資料等獲得的地球上自然物體、人造物體地理位置、特性等。

旅級戰鬥部隊的地理空間情報科是由影像分析人員構成，並有地理空間工程師支援，為指揮官提供作戰環境的完整圖像（物質環境與基礎建設等）。地理空間情報簡而言之，就是匯集實施作戰最重要工具的作戰圖。

第 3 章　戰鬥力的本質

▶富士山爆發的防災地圖

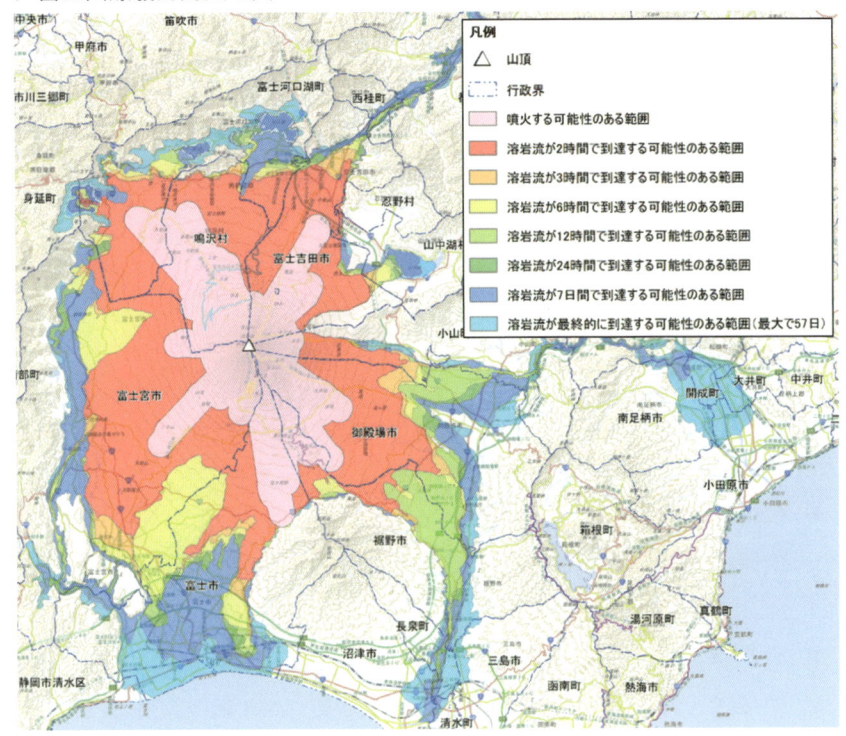

凡例
- △ 山頂
- 行政界
- 噴火する可能性のある範囲
- 溶岩流が2時間で到達する可能性のある範囲
- 溶岩流が3時間で到達する可能性のある範囲
- 溶岩流が6時間で到達する可能性のある範囲
- 溶岩流が12時間で到達する可能性のある範囲
- 溶岩流が24時間で到達する可能性のある範囲
- 溶岩流が7日間で到達する可能性のある範囲
- 溶岩流が最終的に到達する可能性のある範囲（最大で57日）

日本的地理空間情報也會應用於導航系統、防災地圖等民生用途　　　　出處：靜岡縣官網

3-9

維持戰鬥力
透過戰鬥勤務支援來維持、增進戰鬥力

要讓第一線機動部隊能夠發揮戰鬥力，**指揮**、**戰鬥**、**支援**是不可或缺的三項機能。

右圖為美國陸軍模組化師的編成要領，可清楚理解這三項機能的相互關係。

模組化師是在師部底下，配屬數個旅級戰鬥部隊及各種支援旅編組而成的部隊，指揮關係並非固定，而是會依作戰環境與任務進行臨時編組（美國陸軍一般僅維持設置師部）。

- **指揮機能**：師部是由主指揮所、戰鬥指揮所、移動指揮組與師部營構成，僅編制構成師部的機構、人員、裝備。它會配屬支援旅，指揮 2～5 個旅級戰鬥部隊。
- **戰鬥機能**：由 3 種旅級戰鬥部隊（ABCT、SBCT、IBCT）構成的戰鬥部隊，可依據環境與任務，編組最佳戰鬥團隊納編於師。
- **支援機能**：一般會在師底下配屬砲兵旅、戰鬥航空旅、戰鬥支援旅、戰力維持旅、民事大隊等，支援旅級戰鬥部隊的所有作戰。

配屬於師級的**戰力維持旅**屬於單一後勤組織，統籌所有戰力維持工作。旅級戰鬥部隊則由固定編制的**旅支援營**肩負這項機能。

所謂戰鬥支援，指的是在後方地區支援，及對戰鬥部隊進行機動支援的憲兵（MP）、工兵（Engineer）、CBRN（化學、生物、放射性物質、核子）等各種活動。戰力維持則分為後勤（Logistics）、人事勤務（Personnel Services）、健康勤務支援（Health Service Support）三個項目。

第 3 章　戰鬥力的本質

▶美國陸軍／模組化師的編成範例

指揮機能

師

TAC　MAIN　CMD　師部營

師部固定編制部隊

TAC：戰鬥指揮所
MAIN：主指揮所
CMD：移動指揮組

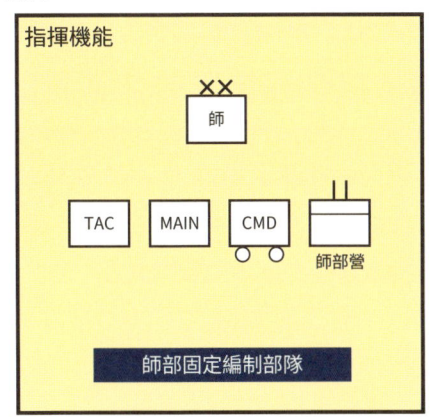

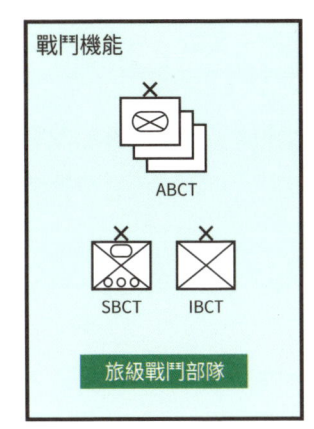

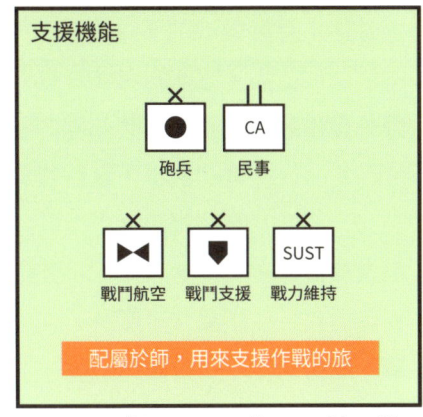

戰鬥機能

ABCT
SBCT　IBCT

旅級戰鬥部隊

支援機能

砲兵　民事（CA）
戰鬥航空　戰鬥支援　戰力維持（SUST）

配屬於師，用來支援作戰的旅

××：師　　×：旅　　||：營

ABCT：Armored Brigade Combat Team（裝甲旅級戰鬥部隊）
SBCT：Stryker Brigade Combat Team（史崔克旅級戰鬥部隊）
IBCT：Infantry Brigade Combat Team（步兵旅級戰鬥部隊）
CA：Civil Affairs（民事）
SUST：Sustainment（戰力維持）

　直屬戰力維持旅的支援營，轄有具備各種機能的連，實施補給、彈藥、燃料、運輸、保修等業務。另外，隸屬支援營的衛生排、直屬旅級戰鬥部隊的衛生支援連會與戰區部隊的衛生旅協同進行各種衛生業務。戰力維持業務包括保持部隊、士兵的健全性，燃料、彈藥、糧秣等的分配管理，各種補給品的運輸管制等，既廣泛又多元。來自第一線的支援請求、決定具體配分等複雜且龐大的業務，會使用作戰指揮與管制支援系統（Battle Command Support and Sustainment System, BCS3）進行處理

89

3-10

後勤（維持戰鬥力）其之①
輜重是依據任務編成的非常設部隊

　　旅級戰鬥部隊具有維持 72 小時戰鬥力的能力。也就是說，他們可以自給自足打 3 天仗。若超過 72 小時，便會由師級、軍級部隊與組織來負責維持旅級戰鬥部隊的戰鬥力。

　　負責維持旅級戰鬥部隊戰鬥力的部隊是**旅支援營**。旅支援營麾下有運輸連、野外修護連、前進支援連，及旅支援衛生連，這些連會執行廣泛多元的各種業務，藉此維持戰鬥力。

- **運輸連**：對旅級戰鬥部隊的各部隊實施補給、運輸，並執行所有補給品、服務的交付管理。
- **野外保修連**：將旅級戰鬥部隊的各種裝備性能維持在標準範圍，於戰鬥環境下進行修理、更換等，藉此維持發揮戰鬥力的機能。
- **前進支援連**：支援步兵營、野砲營、偵察營、工兵營的補給、運輸、修護等業務。
- **旅支援衛生連**：執行患者治療、後送、預防衛生、精神衛生等，維持旅級戰鬥部隊的人員戰鬥力。
- **輜重（Train）**：因應任務臨時戰術編組（Ad Hoc Tactical Unit）的人員、車輛、裝備的集合體，並非固定編制部隊。特色是通常會以小單位組成車隊行動。

　　旅級戰鬥部隊的戰力維持會像右圖這樣，透過設定於戰力維持支援區內的連輜重、營輜重（戰鬥輜重、野外輜重）及旅支援區進行。

第 3 章　戰鬥力的本質

▶旅級戰鬥部隊／戰力維持支援區的概念圖

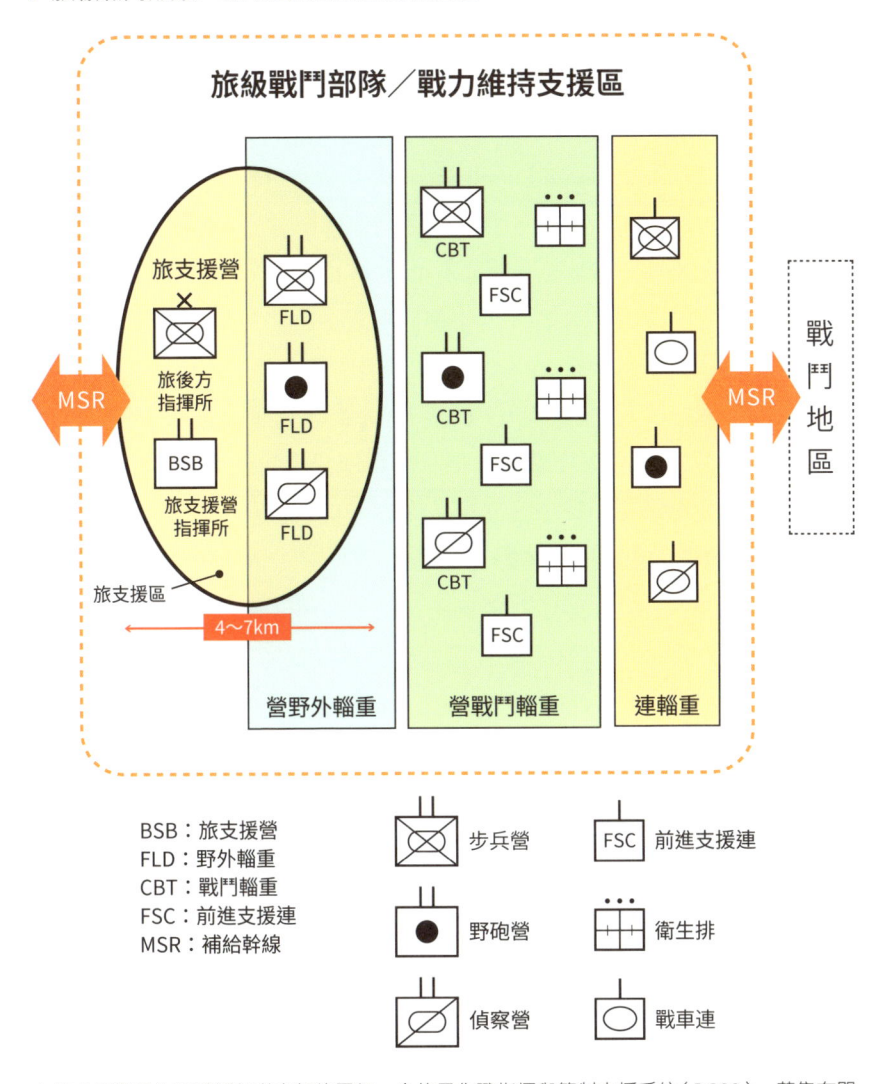

旅級戰鬥部隊／戰力維持支援區

旅支援營
旅後方指揮所
BSB
旅支援營指揮所
旅支援區
4～7km
MSR

CBT
FSC
CBT
FSC
CBT
FSC

MSR
戰鬥地區

營野外輜重　營戰鬥輜重　連輜重

BSB：旅支援營
FLD：野外輜重
CBT：戰鬥輜重
FSC：前進支援連
MSR：補給幹線

步兵營
野砲營
偵察營
FSC　前進支援連
衛生排
戰車連

在旅支援營及旅級戰鬥部隊本部的層級，會使用作戰指揮與管制支援系統（BCS3），蒐集有關維持戰鬥力的各種資料。BCS3 具備模擬功能，可以在作戰準備階段分析、比較各行動方案下各類補給品的消耗狀況，提供參謀作業參考。至於作戰實施期間，則能向指揮官提供主要武器系統、燃料、彈藥、士兵的損耗狀況等最新資料。BCS3 還能在電子地圖上顯示配備移動追蹤裝置的史崔克裝甲車及負責搬運、交付補給品的車輛當前位置

91

3-11
後勤（維持戰鬥力） 其之②
補給幹線是維持戰鬥力的大動脈

　　補給幹線（MSR: Main Supply Route）是指維持**作戰地區**戰鬥力的主要運輸路線，必須保持暢通。就旅級戰鬥部隊而言，會將**戰力維持支援區與戰鬥區合稱為作戰地區**（參閱 3-10 插圖）。

　　MSR 必須考量地形特性、友軍整體配置、敵情、第一線部隊的機動計畫等因素，由後勤參謀（S4〈參四〉）與作戰參謀（S3〈參三〉）協調後決定，這裡的 S 指的是 Staff。研擬 MSR 時，必須將敵軍空中攻擊、正規部隊或非正規部隊攻擊、伏擊、地雷埋設、CBRN（化學武器、生物武器、放射性物質、核子武器等）汙染、交通阻塞、天候氣象變化等列入想定，並且準備**預備 MSR**。

　　除此之外，靠憲兵部隊管制交通、以工兵部隊維護道路、修護、防護橋梁等也必須列入。確保 MSR 這件事情本身就是一項作戰任務。

　　旅級戰鬥部隊為了達成戰鬥目的（達成任務），必須經常獲得彈藥、燃料、糧秣、飲水等補給，並執行傷者治療、後送、士兵補充等，藉此維持、增進部隊戰鬥力。也就是說，MSR 就是維持、增進第一線機動部隊戰鬥力的生命線、大動脈。

　　講點題外話，**輜重等所在的後方地區**（戰力維持支援區）與戰鬥地區是不可分割的。也許有人認為「後方地區等於安全地區」，但那只不過是個幻想。就現代戰爭而言，讓輜重部隊透過 MSR 對前線部隊運輸補給品等行動，本身就屬一種戰鬥行為。日本在對海外派遣聯合國維和部隊（PKO）之際，曾使用過「後方地區＝安全地區」這種無視現實的政治語言。

第 3 章　戰鬥力的本質

第 4BSB（旅支援營）／第 1SBCT（史崔克旅級戰鬥部隊）的訓練。輜重連編組大型卡車隊，一邊執行自我防護，一邊對第一線部隊進行補給。作戰地區內全都屬於戰場，因此就算是後勤部隊，也都必須以「常在戰場」的態勢遂行任務

圖：美國陸軍

3-12

後勤（維持戰鬥力）其之③
從主要裝備到個人奢侈品都算補給

　　SBCT（史崔克旅級戰鬥部隊）的步槍（步兵）連，**會攜帶 72 小時（3 天）份的補給品進行部署**。由於步兵營並未固定編制補給、運輸部隊，因此對連級部隊進行補給時，必須全面仰賴 BSB（旅支援營）。

　　重新補給時，一般會透過戰力維持單位自上級部隊運補至下級部隊。雖說如此，因為戰鬥環境等因素，這樣的流程也有可能會停滯。

　　碰到這種狀況時，就必須進行**空中補給**（自飛機空投或自直升機吊放補給品）或**相互補給**（戰鬥結束後，由各連相互流通不足的物資）。

　　旅級戰鬥部隊（ABCT、SBCT、IBCT）會自前進支援連／旅支援營取得所有補給品與各種服務。

　　補給品包括糧秣、飲水、被服、裝具、石油、油品、構工、阻絕材料、彈藥類、日用品、主要裝備、衛生器材、保修用零件等，項目從第 1 類補給品列到第 10 類補給品，甚至還包括雜貨，品項相當龐雜，**藉此維繫戰力**（參閱右圖）。

　　每個連的士兵會透過 2 輛 400 加侖飲水拖車每天加滿水壺，依據戰場環境，這些飲用水有時必須從自然水淨化而來。在戰力維持單位擴大之前，糧秣僅統一配發戰鬥口糧（Operation Ration）。

　　在彈藥方面，為因應當面戰鬥，部隊展開時會攜帶 3 天份的個人、車輛戰鬥攜行量（Combat Load），之後則依戰鬥消耗量，由補給連的彈藥車（HEMMT-LMS）等進行補給。

第 3 章 戰鬥力的本質

▶補給品的種類

第1類	☾	生存必需品（糧秣、蔬菜、水果等）
第2類	⌐	被服、裝具、各種工具、消除劑、NBC防護衣等
第3類	▽	石油、各種油品、油脂類
第4類	⊓	構工、阻絕材料（木材、沙包、鐵絲網等）
第5類	⌒	彈藥類（輕兵器、火砲彈藥、炸藥、地雷等）
第6類	人	奢侈品、PX營區販賣部（香菸、糖果、肥皂）
第7類	⌒	主要裝備（車輛、主要武器系統等）
第8類	⊕	衛生器材（藥劑、擔架、外科手術器材等）
第9類	☼	保修用零件
第10類	CA	民事防務支援器材（民用拖拉機、農機具等）
雜項	MISC	上列品項之外（水、地圖、繳獲品等）

此圖為美軍的補給品項，陸上自衛隊的分類也幾乎相同，但陸上自衛隊並無 MISC 這項概念

95

3-13

衛生 其之①
戰傷者的現地治療及後送

　　若因戰鬥出現死傷者、作戰壓力患者，或因各種理由出現孤立者或孤立部隊，部隊的人因戰鬥力自然就會降低。若士兵耗損超過一定比例，部隊就會喪失戰鬥能力。

　　為了在戰術上以最小犧牲達成任務，軍隊會編制負責現地治療、收容、後送戰傷者的衛生部隊，肩負戰力維持角色。

　　史崔克旅級戰鬥部隊的整體衛生支援，是由**旅支援衛生連／旅支援營**擔綱。治療排編制外科、內科、野戰外科、野戰內科軍醫共 13 員，於整個旅級戰鬥部隊的作戰地區執行治療支援。

　　後送排則有 10 個後送組（史崔克救護車），**可在現地安全處所治療傷者，使其能於 72 小時以內歸建原單位，執行原本任務。**

　　步兵營的衛生支援工作是由**直屬步兵營的衛生排**負責，衛生排的編成、裝備如右圖，由排指揮組、治療班、後送班及衛生兵派遣組構成，人員包括衛生排長以下 32 員。

　　治療班配屬 2 員軍醫（外科 ×1、內科 ×1）。4 輛史崔克救護車會將負傷者從現場搬運至連級患者集中區，再從患者集中區後送至營收容所，或是更高階的衛生設施。

　　衛生兵（TRAUMA）會派遣 4 員至各步兵連（連部 ×1、各步槍排 ×1），總共派遣 12 員，形成每個步槍排都隨時有 1 員衛生兵同行的狀況。

　　美國陸軍相當重視人命，相當值得參考。

第 3 章　戰鬥力的本質

▶衛生排／步兵營的編成、裝備

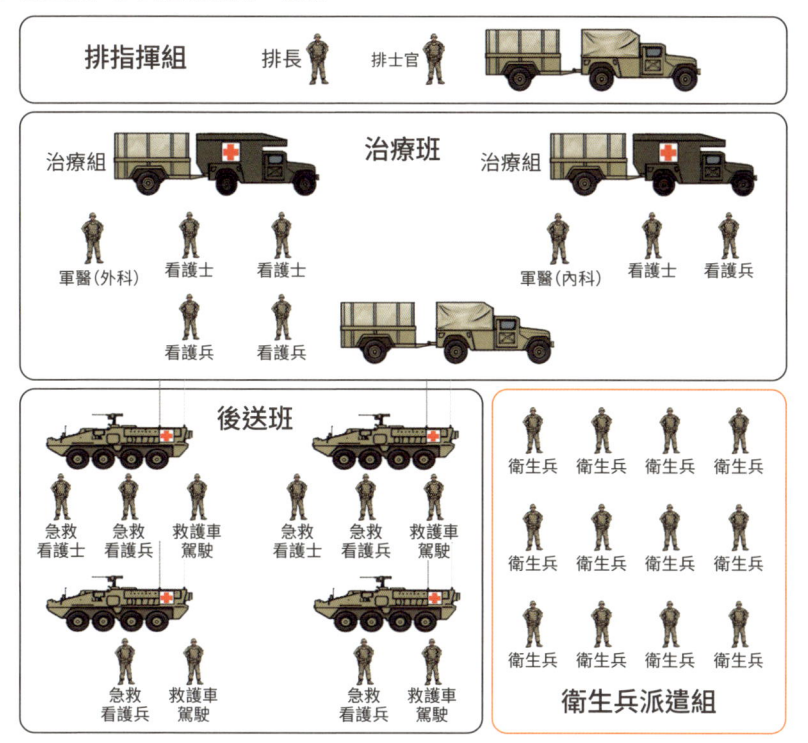

排指揮組：排長、排士官

治療班
- 治療組：軍醫(外科)、看護士、看護士、看護兵、看護兵
- 治療組：軍醫(內科)、看護士、看護兵

後送班
- 急救看護士、急救看護兵、救護車駕駛
- 急救看護士、急救看護兵、救護車駕駛

衛生兵派遣組：衛生兵 ×12

出處：FM3-21.21, *The Stryker Brigade Combat Team Infantry Battalion*

M1133 史崔克 MEV（Medical Evacuation Vehicle）。可後送 4 員擔架患者或 6 員步行患者　　圖：美國陸軍

97

3-14

衛生 其之②
戰鬥、作戰壓力患者的現地治療

　　由於近代武器威力強大，因此除了戰死傷者之外，也會造成大量戰鬥、作戰後壓力症候群患者（PTSD）。因恐懼與衝擊而喪失戰鬥能力的士兵，與被敵彈擊倒的士兵一樣，都會對部隊整體任務遂行帶來莫大影響。

　　1973年的贖罪日戰爭（第4次中東戰爭），便出現大量作戰後壓力症候群患者——據說達到戰死傷者的三分之一——這對以色列國防軍（IDF）造成的影響相當嚴重。

　　大受衝擊的IDF，因此成立直屬參謀總長的「心理行動科學部」（IDF Division of Behavioral Sciences），並於前線師級單位編組「戰鬥心輔官小組（Battle Psychologist）」，使得IDF成為西方陣營陸軍率先著手**處理戰鬥、作戰壓力問題**的軍隊。

　　現代戰爭的破壞力相當強大，對士兵身心皆會造成強烈衝擊。這對現地治療來說，是個刻不容緩的課題。

　　如今美國陸軍也已認真看待**戰鬥、作戰壓力控制**，在旅級戰鬥部隊編制有旅支援衛生連**精神衛生組**（Mental Health Section），**配屬專業軍官與輔佐軍官的專長兵**。

　　戰鬥、作戰壓力症候群患者除了第一線之外，在作戰地區內也會出現。戰鬥、作戰壓力控制，可預防戰鬥、作戰壓力症後群患者出現，並於現地對患者進行治療，讓其能夠回歸原本任務，藉此維持戰鬥力。

　　現地治療——午休、用餐、更換衣服，醒來後與專業軍官徹底諮商等——若能在稍微遠離戰鬥地區的後方安全地帶執行這些動作，有80%的患者都能歸建原單位，IDF的資料曾如此記載。

第 3 章　戰鬥力的本質

▶戰鬥、作戰引發的各種壓力行為

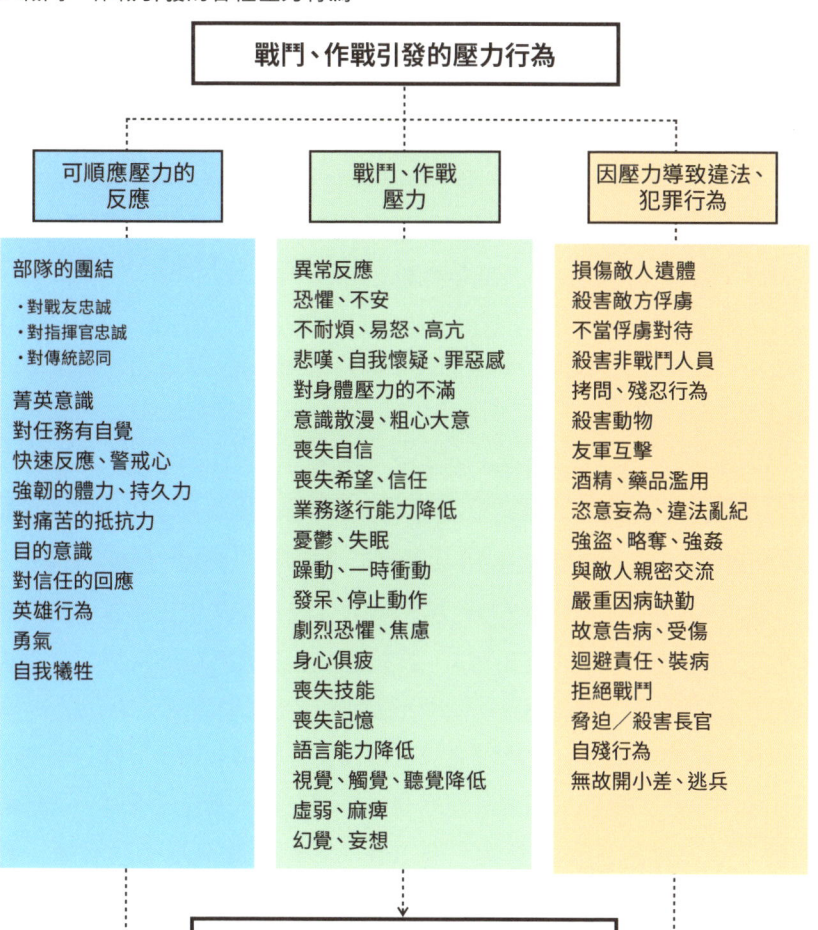

```
           ┌─────────────────────────┐
           │   戰鬥、作戰引發的壓力行為   │
           └─────────────────────────┘
```

可順應壓力的反應	戰鬥、作戰壓力	因壓力導致違法、犯罪行為
部隊的團結 ・對戰友忠誠 ・對指揮官忠誠 ・對傳統認同 菁英意識 對任務有自覺 快速反應、警戒心 強韌的體力、持久力 對痛苦的抵抗力 目的意識 對信任的回應 英雄行為 勇氣 自我犧牲	異常反應 恐懼、不安 不耐煩、易怒、高亢 悲嘆、自我懷疑、罪惡感 對身體壓力的不滿 意識散漫、粗心大意 喪失自信 喪失希望、信任 業務遂行能力降低 憂鬱、失眠 躁動、一時衝動 發呆、停止動作 劇烈恐懼、焦慮 身心俱疲 喪失技能 喪失記憶 語言能力降低 視覺、觸覺、聽覺降低 虛弱、麻痺 幻覺、妄想	損傷敵人遺體 殺害敵方俘虜 不當俘虜對待 殺害非戰鬥人員 拷問、殘忍行為 殺害動物 友軍互擊 酒精、藥品濫用 恣意妄為、違法亂紀 強盜、略奪、強姦 與敵人親密交流 嚴重因病缺勤 故意告病、受傷 迴避責任、裝病 拒絕戰鬥 脅迫／殺害長官 自殘行為 無故開小差、逃兵

```
           ┌─────────────────────────┐
           │        長期壓力反應         │
           └─────────────────────────┘
```

強制出現、伴隨痛苦的記憶（重映）
睡眠障礙、惡夢
對於作為、不作為的罪惡感
自社會孤立、逃避、疏離感
倏然跳起、突然驚嚇反應
憂鬱症
社會關係、親密關係障礙

出處：FM4-02.51 Combatand Operational Stress Control

3-15

人事勤務

維持、增進部隊的人因戰鬥力

　　軍隊會依編成裝備表，研擬士兵及裝備的編制數量。唯有確保定員、定數，並且累積教育訓練，才能打造一支「能戰部隊」。若這些要素有所欠缺，部隊戰鬥力自然也就會跟著降低。

　　人事勤務與後勤、衛生勤務一樣，都是維持戰鬥力的機能（參閱 **3-3** 表格）。簡單來講，就是「若有缺員，便得迅速補足」，缺員必須迅速補充。

　　另外，在防護機能當中，還有**人員救援**（Personnel Recovery）——營救孤立的士兵——這個項目，由防護組（Cell）負責計畫與實行（參閱 3-3 表格「構成戰鬥力（Comat Power）的 8 項要素」內的「防護」）。

　　缺員會因戰鬥造成戰死傷、戰鬥壓力等因素而產生，這會由衛生部隊加以應處（參閱 3-13 及 3-14）。除此之外，還會因地形特質、氣象狀況、作戰特異性等各種原因，導致士兵個人或部隊遭到孤立或失蹤。

　　伊拉克戰爭期間，曾出現右頁這種任務臨時編組的小部隊（Ad Hoc Tactical Unit）因燃料、彈藥等運輸線遭切斷而陷入孤立的案例，當時是由附近的部隊對其進行營救。像這樣的行動，就稱為士兵救援行動（Personnel Recovery Operation），救援遭擊落的飛行員也是屬於這個範疇。

　　失去具有戰鬥經驗的士兵，是補充人員也無法彌補的事情，為了將影響程度盡量壓低，就必須對身心進行現地治療，並執行士兵救援行動。附帶一提，**士兵救援行動與原本的作戰是完全不一樣的事情。**

▎實施士兵救援行動的案例

2003年3月21日早晨，美國陸軍第507保修連的33名隊員以18輛車隊進入納西利亞（Nasiriyah 伊拉克）城區。但由於導航錯誤，使得車隊被敵軍包圍。

為了擊退敵軍、後撤至友軍戰線，車隊在90分鐘的戰鬥期間，被切斷成3個小群組。

最小的那組（6名隊員、3輛車）冒著敵火繞過路障，在毫無掩護下抵達陸戰隊戰車營，並納入該營指揮。

第2組（10名隊員、5輛車）則擊退了伊拉克軍的攻擊，並鞏固防線（環形防守〈All round defence〉），於現地治療傷者。前進中的陸戰隊緊急實施士兵救援行動，將這組人馬救出。

最後那組（17名隊員、10輛車）因敵重武器射擊導致車輛互撞，無法移動至友軍戰線。組員相互無法接觸，並有數名隊員陣亡、負傷、被俘。

2003年4月1日，由陸戰隊支援的特種部隊在外部人士協助下執行人員救援行動，將1名被俘隊員自伊拉克的醫院救出。

4月後半，有證言指出剩餘被俘車隊人員與2名阿帕契飛行員仍然存活，便由附近的陸戰隊實施人員救援行動，成功將其救出。

3-16

C4ISR 其之①
現代戰爭是網路作戰

　　史崔克旅級戰鬥部隊（SBCT）是完全數位化的步兵部隊。指揮、管制架構會將所有情資匯集至本部，並且處理成情報，分發至必要的單位。從旅長到末端的士兵，都能共享這些情報。

　　旅級暨以下部隊戰鬥指揮系統（FBCB2, Force XXI Battle Command Brigade and Below）能與陸軍戰鬥指揮系統（ABCS, Army Battle Command System）連結，與覆蓋整個地球的各種衛星——全球定位衛星（GPS）、偵察衛星、通訊衛星、導航衛星、氣象衛星等——連線（參閱右圖）。

　　SBCT 的 ISR（情報、監視、偵察）會透過網路匯集至主指揮所，旅部情報參謀（參二 S2）會處理來自遠距離先進偵察監視系統（LRAS3, Long-Range Advanced Scout Surveillance System）、小型無人機（UAV）、「先知」電子感測器（PROPHET）、NBC 偵察、其他手段的情資，將敵軍正確位置輸入 FBCB2。

　　至於後勤相關事務則如前述（參閱 3-9），會使用**作戰指揮與管制支援系統（BCS3）**進行模擬，即時監看人員、補給品、裝備等的消耗狀況，並隨時掌握補給車輛的位置。

　　情報優勢能讓旅長更容易迅速下達決心，藉此給予麾下部隊充份時間準備。有些資料顯示，**傳統類比方式需要花上 24 小時的事情，數位化之後僅需 3 小時便足以讓旅長下達決心。**

　　旅長不論身在何處，皆能透過網路掌握最新狀況，可輕易進出戰鬥指揮所，或在移動指揮組針對戰場爭議點提出意見，直接對前線部隊下達指導。

第 3 章　戰鬥力的本質

▶史崔克旅的指揮、管制架構概念

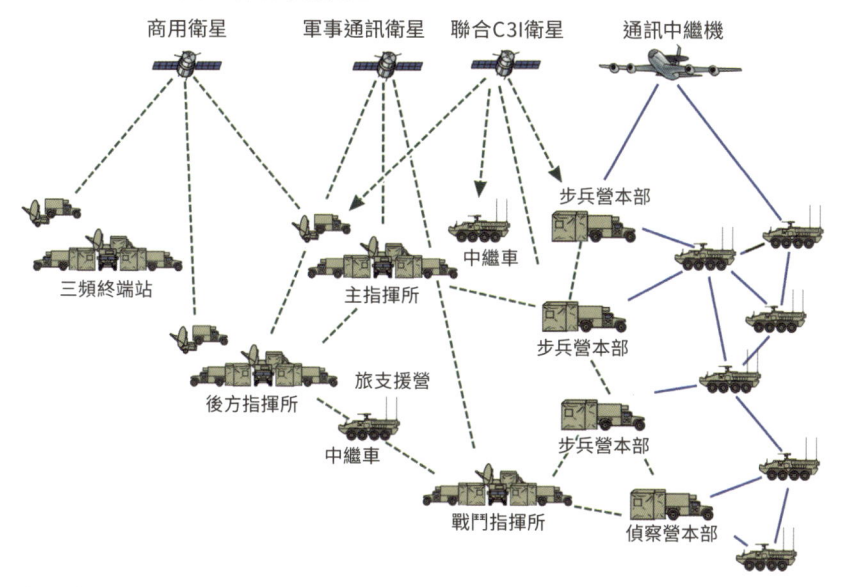

商用衛星　軍事通訊衛星　聯合C3I衛星　通訊中繼機

三頻終端站
主指揮所
中繼車
步兵營本部
步兵營本部
後方指揮所
旅支援營
中繼車
步兵營本部
戰鬥指揮所
偵察營本部

美軍具備利用各種衛星等構成的全球規模架構，讓完全數位化的部隊得以進行全球規模的作戰
參考：FM3-21.31 *THE STRYKER BRIGADE COMBAT TEAM*

操作旅以下指揮系統（FBCB2）的乘員　　　　　　　　　　圖：美國陸軍

103

3-17

C4ISR 其之②
虛擬網路作戰是「第 5 戰場」

> 現在我們的理論都是如何殺傷「士兵」，但新的理論則應指向破壞「指揮系統」。這不能等敵方官兵陷入混亂後才進行，而是要在攻擊敵軍之前就先破壞其指揮系統。一旦如此，待發動攻擊時，敵方部隊便早已陷入混亂。
>
> ——J. F. C. 富勒《1919 年戰略計畫》（Plan 1919）

富勒在 100 多年前的第一次世界大戰時便已提倡的理論──破壞、癱瘓敵指揮系統，藉此取得勝利的間接戰略先驅理論──時至今日依舊管用，甚至還更加大放異彩。

富勒嘗試以大量集中運用戰車的方式破壞指揮系統，這相當於現代戰爭中，以電子戰及物理破壞（火力）為主體的**指揮機能封殺戰**（Command and Control Warfare）。不久的將來，這應該會再加上虛擬網路戰，但也可能已經加入了。

美國國防部已於 2010 年將虛擬網路空間納入作戰領域──比照陸地、海洋、天空、太空，是為**第 5 戰場**──列為國防目標。

20 世紀末，「虛擬網路戰」仍是個迥異的特殊辭彙，但時至今日，它已變成一個大家都知道的一般辭彙了。虛擬網路武器原本如同核子武器，應當屬於「無法動用的武器」，但在 21 世紀的今天，不論平時、戰時，虛擬網路戰早已成為常態。

第3章　戰鬥力的本質

▶應對虛擬網路攻擊的6大「支柱」

②以專業部隊應對網路攻擊
- 以自衛隊網路防衛隊（統）、網路防護隊（陸）、保全監查隊（海）、系統監查隊（空）構成網路※
- 24小時監視情報系統、應處高階虛擬網路攻擊（解析惡意軟體）

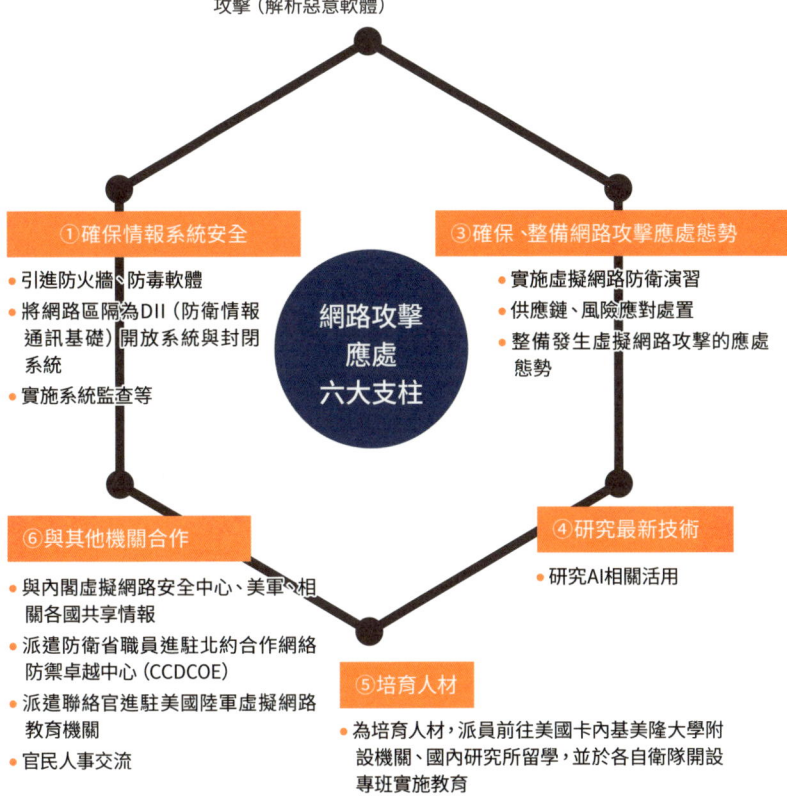

①確保情報系統安全
- 引進防火牆、防毒軟體
- 將網路區隔為DII（防衛情報通訊基礎）開放系統與封閉系統
- 實施系統監查等

網路攻擊應處六大支柱

③確保、整備網路攻擊應處態勢
- 實施虛擬網路防衛演習
- 供應鏈、風險應對處置
- 整備發生虛擬網路攻擊的應處態勢

⑥與其他機關合作
- 與內閣虛擬網路安全中心、美軍、相關各國共享情報
- 派遣防衛省職員進駐北約合作網絡防禦卓越中心（CCDCOE）
- 派遣聯絡官進駐美國陸軍虛擬網路教育機關
- 官民人事交流

④研究最新技術
- 研究AI相關活用

⑤培育人材
- 為培育人材，派員前往美國卡內基美隆大學附設機關、國內研究所留學，並於各自衛隊開設專班實施教育
- 為養成安全觀念，於職場進行教育、防衛大學實施專業教育
- 實施部外教育
- 針對年輕族群，以高等工科學校的系統、網路專科學程實施虛擬網路教育

※編註：代表日本防衛省各個單位，
（統）＝統合幕僚監部；（陸）＝陸上自衛隊；
（海）＝海上自衛隊；（空）＝航空自衛隊

出處：防衛省／編《令和4年版防衛白皮書》

COLUMN 3 蒸氣機的性能提升
鐵路擔綱重要角色

　　眾所皆知，1769 年由詹姆士・瓦特發明的蒸氣機，是促成工業革命、工業化社會的原動力。進入 19 世紀後，蒸氣機的性能有著飛躍性提升，可應用於蒸氣輪船與蒸氣火車。

　　鐵路的發達，可大量運輸軍隊與補給品，使戰區擴大至整個歐洲。除此之外，鐵路在美國的南北戰爭（1861～1865 年）也扮演了重要角色。

　　圖為搭載於貨物列車上的自走攻城迫擊砲。1864 年 7 月 25 日攝於彼得斯堡（Petersburg，維吉尼亞州），可說是列車砲的原型。

13 吋迫擊砲「Dictator（獨裁者）」　　圖：Library of Congress

第4章

戰術的定理
～作戰的科學

說到戰術，一般在腦中浮現的多會是迂迴、包圍、突破等攻擊機動方式，以及遭遇戰中的統一、立即攻擊、陣地防禦、機動防禦、遲滯行動、追擊等。所謂戰術，是指如何在戰場上勝過敵軍的構想、計畫、實行之術。戰術是一種科學，屬於理論化的外顯知識，是可供學習的知識。本章要談及的對象，是攻擊、防禦等最基本的戰術範疇。

4-1

攻擊機動的方式
首先要迂迴，接著盡可能追求包圍

　　攻擊時，無關部隊規模大小，皆具備拘束、機動、打擊 3 項主要機能（圖 1）。

　　拘束為發現敵軍，並設法阻止敵軍行動自由──移動、再編成、調整速度、變更方向等──困之於順應我意的時間與地點。

　　機動為調遣部隊，對於遭拘束之敵占據有利攻擊態勢。

　　打擊是在關鍵時間與地點發揮壓倒性戰鬥力擊潰敵軍。

　　攻擊機動的方式（Forms of Maneuver）是在上述 3 項機能當中，如何決定部隊的移動方向，以及這種移動方向與其他二項機能（拘束、打擊）的協調關係。攻擊機動的方式（圖 2）包括迂迴、包圍、突破，各種方式會在後續章節以降依序說明。

圖 1　攻擊的主要 3 項機能

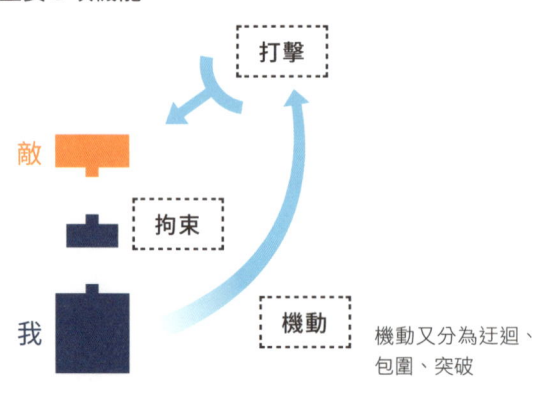

機動又分為迂迴、包圍、突破

第 4 章　戰術的定理～作戰的科學

圖2　攻擊機動的3種方式

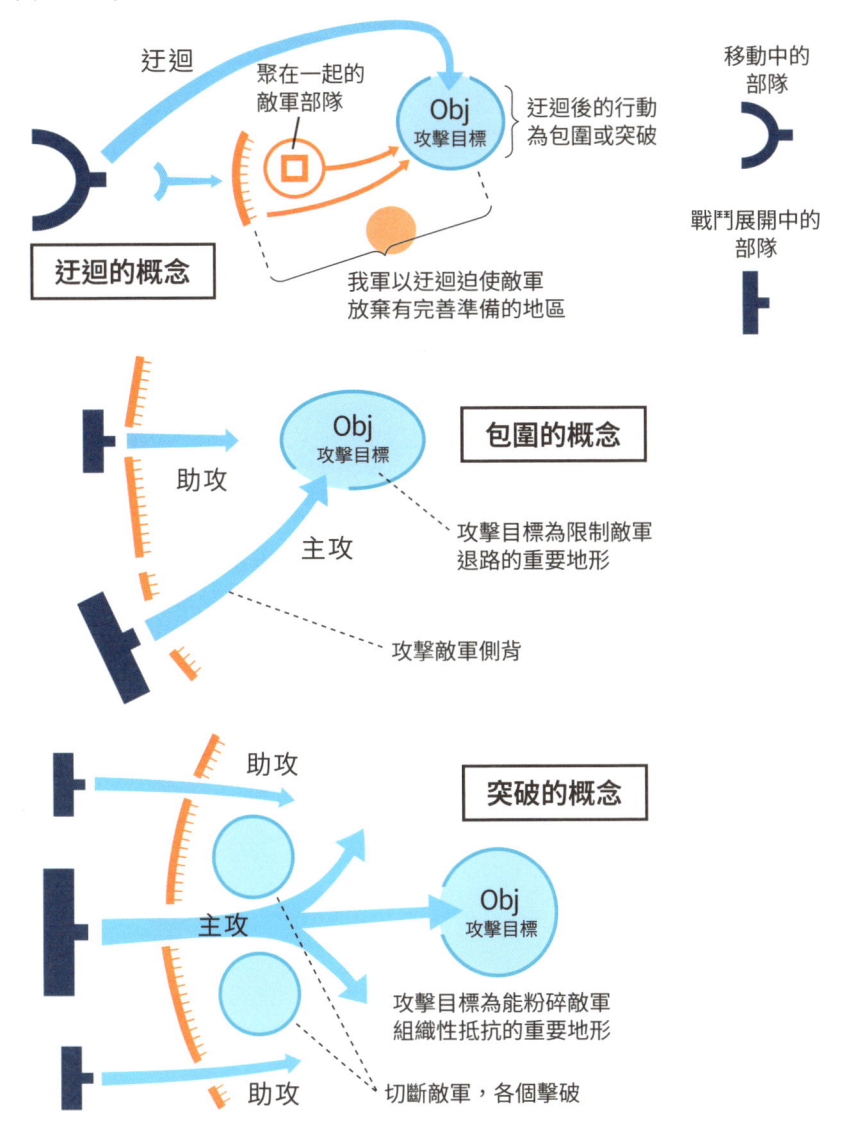

迂迴

聚在一起的敵軍部隊

Obj 攻擊目標

迂迴後的行動為包圍或突破

移動中的部隊

迂迴的概念

我軍以迂迴迫使敵軍放棄有完善準備的地區

戰鬥展開中的部隊

助攻

Obj 攻擊目標

包圍的概念

主攻

攻擊目標為限制敵軍退路的重要地形

攻擊敵軍側背

助攻

突破的概念

主攻

Obj 攻擊目標

攻擊目標為能粉碎敵軍組織性抵抗的重要地形

助攻

切斷敵軍，各個擊破

攻擊時，首先要追求「迂迴」，以在敵軍有所準備的地區之外進行決戰。若迂迴有困難，則要追求可從敵軍部隊側背進行攻擊的「包圍」。「突破」對於攻方來說犧牲較大，是在無法做到迂迴、包圍的情況下才剩下的最後選項

109

4-2

迂迴的原則

迫使守方來到陣外決戰

　　防禦部隊（守方）的戰鬥力一般來講會劣於攻擊部隊（攻方），因此會仰賴周全的準備及利用地形等手段來彌補劣勢，試著讓相對戰鬥力變得有利。

　　守方會選定適合防禦的戰場，靠構工讓地形形成戰鬥力，並埋設地雷、構築反戰車阻絕設施、構成野砲、迫擊砲彈幕等，**最大程度發揮所謂「地利之便」**。

　　迂迴是要迫使守方放棄有利戰場，將之引至對攻方有利的戰場進行決戰，也就是促成**陣外決戰**。

　　迂迴的英文是「Turning Movement」，為迫使敵軍前來攻方有利戰場進行陣外決戰的準備行動。由於是部隊移動（Movement），因此對於守方而言著實難以應對的。

　　雖然迂迴是一種在理論上相當優越的高階戰術，但在現實中成功實行的案例，戰史上卻幾乎找不太到。日本的三方原合戰與韓戰時美軍的仁川登陸作戰，可說是極少數「迂迴＝陣外決戰」的成功案例。

　　三方原合戰（元龜三（1572）年 12 月 22 日）時，武田軍靠 25,000 人引出據守濱松城的 11,000 人德川軍前往三方原，並將之一舉擊潰，是典型的陣外決戰。

　　仁川登陸作戰（1950 年 9 月 15 日）是在釜山橋頭堡攻防戰（1950 年 7 月～9 月）的最後階段，為切斷北韓軍後方聯絡線（LOC：Line of Communication）而決定實施的奇襲。有賴此役成功，迫使北韓軍放棄戰線，一夕土崩瓦解（參閱 **6-21**）。

　　擔任迂迴的部隊必須具備高度機動力、適合獨立行動，需要師級或以上規模的部隊。

第 4 章　戰術的定理～作戰的科學

▶迂迴的目的在於創造陣外決戰

注意事項

為達成迂迴目的，以傘兵部隊或空中機動部隊進行立體包圍

第3階段
形成遭遇戰，以包圍或突破擊潰敵軍部隊

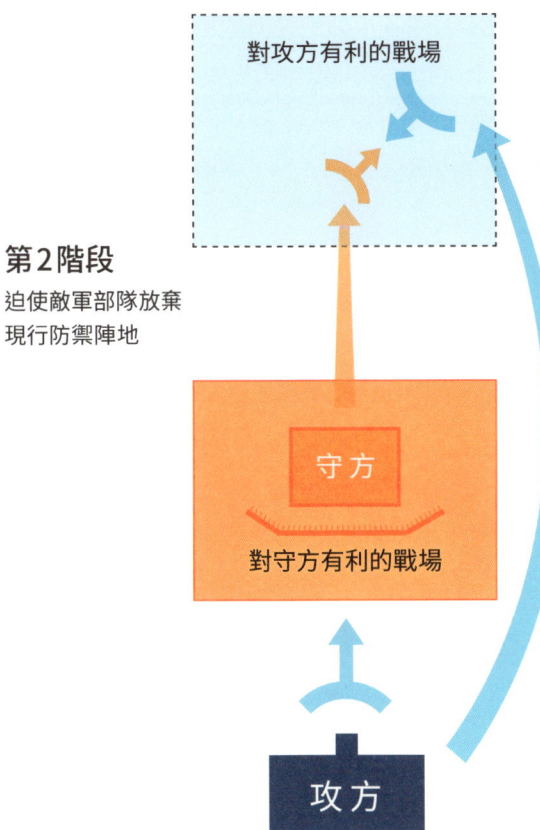

對攻方有利的戰場

第1階段
阻止敵軍部隊撤退，占領能夠阻斷敵軍部隊補給、增援的重要地形

第2階段
迫使敵軍部隊放棄現行防禦陣地

守方

對守方有利的戰場

攻方

111

4-3

包圍的原則 其之①
攻擊敵軍背後或側面弱點

　　包圍的目的是將敵軍殲滅於其有所準備的地區，不論古今中外，陸上戰鬥最值得追求的，都是**包圍殲滅戰**。

　　敵軍配置上的弱點如下**圖1**，在於背後①、側面②、側翼③。針對**背後或側面進行攻擊以殲滅敵軍的行動，就稱為包圍**（Envelopment）。

　　敵防禦陣地的正面勢必會強化火力與阻絕設施；攻方會派一股部隊將敵軍拘束於正面，並讓主力部隊占領敵後方的重要地形。之後，再從背後或側面發動攻擊，完全阻斷敵軍部隊自戰場脫離的退路。

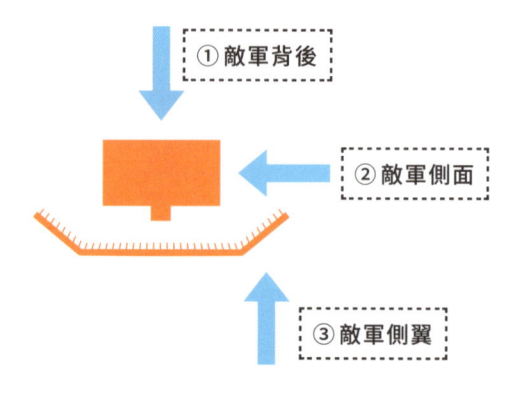

　　包圍形態包括**一翼包圍**（Single Envelopment）、**兩翼包圍**（Double Envelopment）、**完全包圍**（Encirclement）等，一般較常見的是一翼包圍。

圖1　讓戰鬥力指向的地點（敵軍配置上的弱點）

① 敵軍背後
② 敵軍側面
③ 敵軍側翼

第 4 章　戰術的定理～作戰的科學

圖 2　波灣戰爭時的一翼包圍（Single Envelopment）

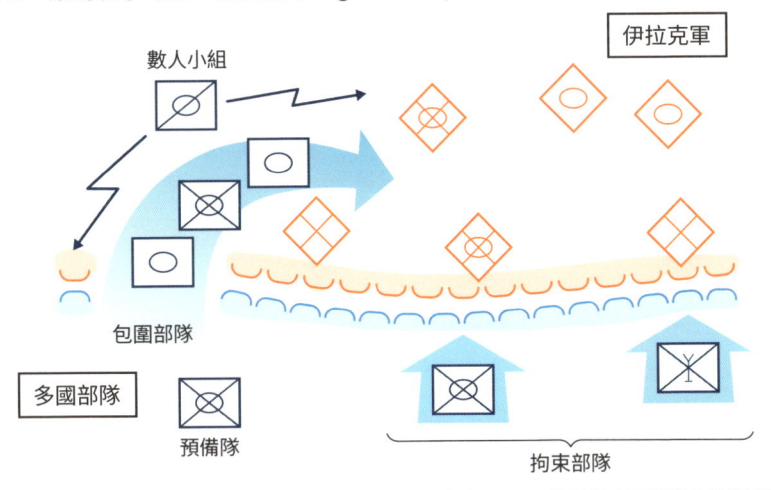

1991 年 2 月 24 日早晨，沿著沙烏地阿拉伯與科威特邊境 480km 佈陣的多國部隊（以美國陸軍為主體），在全正面開始發動攻擊（沙漠風暴行動）。攻擊採用典型的一翼包圍，這是一個雄心勃勃的計畫，意圖自西方將伊拉克軍壓向波斯灣，並徹底殲滅他們（參閱 5-10 的圖）

圖 3　兩翼包圍（Double Envelopment）

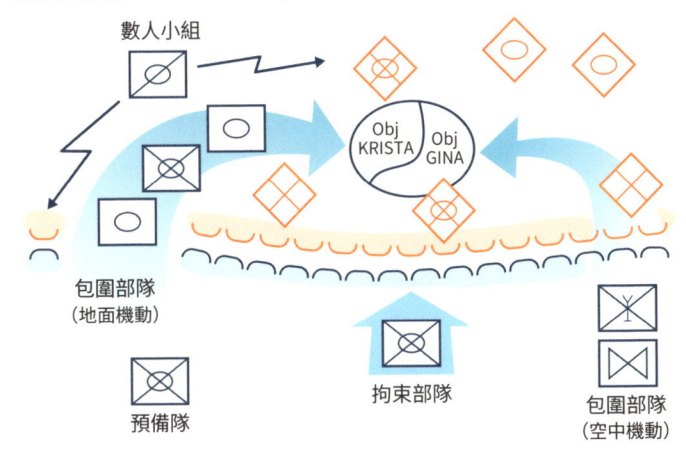

兩翼包圍的前提是具備壓倒性機動力與火力，現代戰爭會搭配空中機動。兩翼包圍與包圍殲滅戰同義，古有漢尼拔擊敗羅馬軍的「坎尼會戰」（紀元前 216 年），1939 年的「諾門罕事件」時，蘇軍的 8 月 20 日攻勢也是其中典型案例

113

4-4

包圍的原則 其之②
包圍的最終階段將是遭遇戰或突破

「雖然迂迴較為理想，但卻實行困難。突破則會犧牲慘重，」這就是現實。攻擊時，通常會設法繞至敵方弱點的背後及側面，對其進行包圍。

包圍目標（也就是攻擊目標）要選擇位於敵軍後方的重要地形（可完全阻斷敵軍退路的要地）。須注意的是，「包圍」這項攻擊機動的範圍，包括的是**占領包圍目標，並完成捕捉、殲滅敵軍的態勢**，之後則會進入遭遇戰或進行突破。

守方在攻方針對包圍目標採取機動時，自然也不會袖手旁觀。守方會延伸防禦側翼，或以戰鬥轟炸機、攻擊直升機攻擊包圍部隊、以預備隊發動反擊等，採取各種對抗手段來粉粹攻方企圖。

右圖是以師級部隊進行包圍的範例。

部份部隊（助攻部隊）將敵防禦部隊**拘束**於原地，**師主力（主攻部隊）**則在防禦部隊的左側方進行**機動**，試圖奪取包圍目標。在此同時，機降部隊也會進行協同，占領包圍部隊的右翼防護要點。

就守方立場來說，退路當然不能這麼輕易就被阻斷。一旦退路遭阻斷，就等於會被包圍殲滅。

就現實而言，在包圍中途或收尾階段，若敵嘗試脫離，或敵主力發動攻擊，就會爆發遭遇戰。此時則須套用**遭遇戰**原則（參閱 4-10、4-11）。

若占領包圍目標後，敵軍採行圓陣防禦，就要進行**突破**，此時須套用突破原則（參閱 4-5、4-6）。

第 4 章　戰術的定理～作戰的科學

▶以師級部隊進行包圍的範例

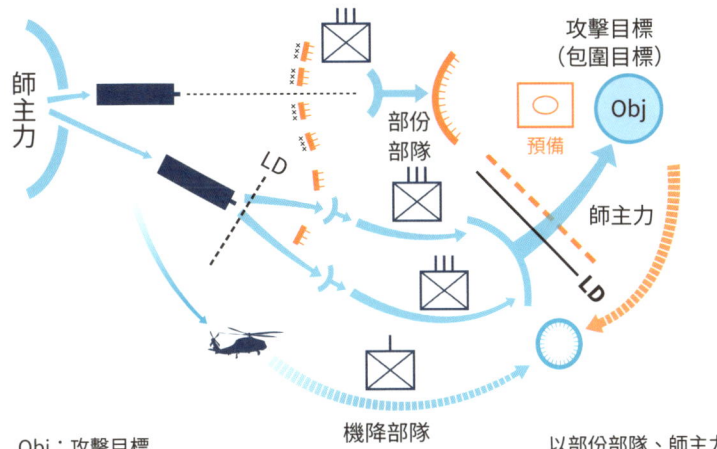

攻擊目標（包圍目標）
師主力
部份部隊
預備
師主力
機降部隊

Obj：攻擊目標
LD（Line of Departure）：攻擊發起線

以部份部隊、師主力、機降部隊協同進行

▶攻擊機動的 3 種方式比較

	迂迴	包圍	突破
目的	在敵軍未做準備的地區進行決戰並殲滅之（陣外決戰）	將敵軍原地（防禦地區）殲滅	瓦解敵軍戰鬥組織，進行各個擊破
目標	讓敵軍放棄有所準備的地區，或能迫使其轉用主力的重要地形	能完全阻斷敵軍退路的重要地形	可瓦解敵軍組織性抵抗的重要地形
重點	迂迴行動的隱匿、掩護，及迂迴部隊的迅速行動	將敵拘束於正面，以主力自其側背發動攻擊，截斷其退路	以主力自敵正面發動攻擊，將其突破分斷
成功的要件	●拘束敵主力或欺敵（讓敵誤認我軍配置、能力、企圖的行動）的適切處置 ●賦予迂迴部隊充份機動力	●奇襲 ●相對優越的戰鬥力 ●自正面果敢發動攻擊，將其拘束 ●各部隊（主攻、助攻）的協同行動	●於突破正面保持具壓倒性的優勢戰鬥力 ●保持衝擊力

115

4-5

突破的原則 其之①
以科學方式進行分析的突破理論

　　J・F・C・富勒斷定第一次世界大戰（1914～1918年）之所以會損失數量龐大的士兵，是因為「**沒有察覺突破的側面是以45度角向內側傾斜**」。

　　富勒綜合分析戰鬥資料，基於有關突破縱深與防禦的數學計算，得出如圖1的突破理論。

　　若防禦縱深（A-B）為5英里（8km），理論上的攻擊正面（C-D）便是10英里（16km），而這並不足以讓攻擊部隊到達A點。要說原因，是因為要讓**戰果擴張部隊迅速挺進至前方，必須得創造間隙（敵機槍射程外）**才行。而這種間隙的寬度至少要有5英里（8km）（E-F），使得攻擊正面（K-L）最終必須得有15英里（24km）。

　　檢視敵方所有防禦態勢，將其劃分為數個攻擊目標，並對各目標指派攻擊部隊，然後決定戰果擴張用的部隊。最後加總起來的數字，就是整體必要兵力數量。

　　富勒對於能將45度之牆向外擴張的戰車投以關注。在第一次世界大戰時期用以當作突破王牌的戰車，是種具備防彈構造的兵器，可抵擋發揮壓倒性威力的敵機槍向前推進（參閱圖2）。富勒從這項突破理論發展出「**1919年戰略計畫（Plan 1919）**」（參閱6-9），成為裝甲戰術理論的原點，而他同時也是**作戰原則的創始人**（參閱1-1）。雖然在日本幾乎被忽略，但「戰術家富勒」應該更為受到關注才是。

第 4 章　戰術的定理～作戰的科學

圖 1　J・F・C・富勒以科學進行分析的突破理論

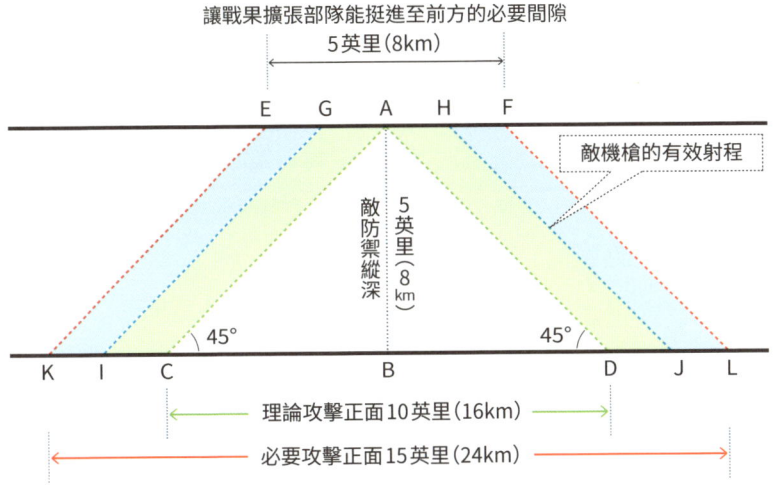

讓戰果擴張部隊能挺進至前方的必要間隙
5 英里（8km）

E　　G　　A　　H　　F

敵機槍的有效射程

敵防禦縱深 5 英里（8km）

45°　　　　　　　　45°

K　I　C　　　　　B　　　　　D　J　L

理論攻擊正面 10 英里（16km）

必要攻擊正面 15 英里（24km）

出處：J・F・C・富勒／著《裝甲戰》（Armored Warfare）

為期 4 年 3 個月的第一次世界大戰，陣亡人數推估有 850 萬人。特別是西部戰線，因陷入塹壕戰、長期持久戰，且雙方都欠缺決定性的突破力量，只是徒增死傷人員

圖 2　以戰車打開 45 度之牆

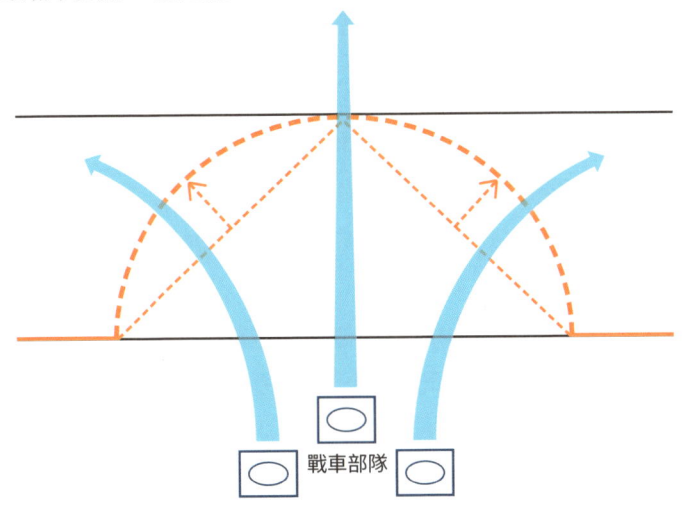

戰車部隊

有道是「砲兵耕耘，步兵占領」，但由於步兵突破第一線後仍無法擴張所望戰果，因此步兵的時代已告一段落，自此邁入戰車時代

117

4-6

突破的原則 其之②
將戰鬥力徹底集中於突破正面

突破（Penetration）會在無法進行迂迴與包圍時、敵陣地側翼沒有弱點時（4-3 圖 1 的③）、敵軍以廣闊正面進行防禦時，或是敵防禦陣地正面有空隙、弱點時進行，可說是最後的選項。

突破的本質，在於以力量進行貫穿（強行突穿，打開破口），為此須在**狹小正面集中壓倒性優勢戰鬥力**。另外，為了讓擔綱突破的**主攻部隊**能專注於突穿，兩側須配置最低限度的**助攻部隊**。

根據美國陸軍準則（FM3-90《戰術（*Tactics*）》）舉出的範例，**師突破正面的相對戰鬥力必須達到敵軍的 9 倍——第一線營則是 18 倍——，助攻部隊則須派出 3 倍的相對戰鬥力**。

雖然攻擊 3 倍是一般原則，但 3 倍是指相對於所有防禦部隊的攻擊部隊比例，對於突破正面，必須具備遠超於此的比例，徹底集中戰鬥力（相對戰鬥力請參閱 5-6）。

在面對有 3 個師的敵防禦陣地時，至少必須以 9 個師發動攻擊。若要突破此防禦陣地，突破正面得配置 6 至 7 個師（主攻）、左右各配置 1 個師（助攻），還要有 1 至 2 個師作為預備。

突破一般會如右圖所示，①**形成突破口**、②**擴大突破口**、③**奪取突破目標**，分 3 階段進行。

若無法維持縱深戰鬥力以持續發揮衝擊效果，就無法輕易奪取突破目標。第一次世界大戰時，即便步兵成功形成突破口，卻也不具備繼續擴大、抵達突破目標的縱深戰鬥力。

第 4 章　戰術的定理～作戰的科學

▶突破（Penetration）所產生的作用

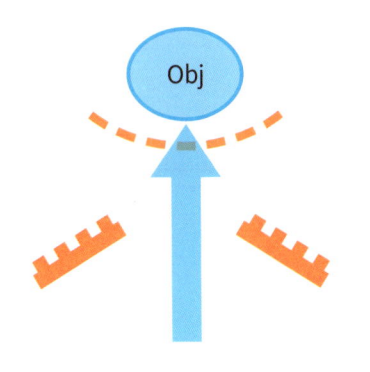

Obj：攻擊目標

③ 奪取突破目標
奪取突破目標，便代表突破成功，但光這樣仍無法殲滅敵軍部隊，必須針對瓦解的敵軍各個擊破、追擊，持續擴張戰果。

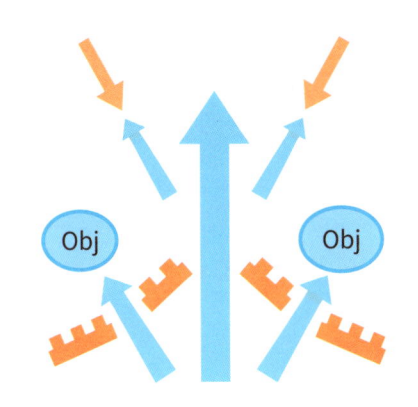

② 擴大突破口
擴大突破口，是由助攻部隊或預備隊前去奪取位於突破口側面的敵陣地內目標。除此之外，也必須擊退、阻止敵預備隊的反擊或逆襲。

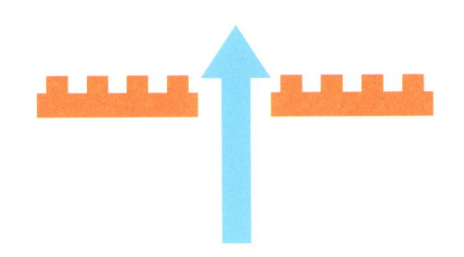

① 形成突破口
為切斷敵軍部隊的組織性抵抗而打開破口，必須在突破點發揮綜合戰鬥力（火力、機動力），以創造衝擊效果。

4-7

滲透
趁隙潛入以達成特定目標

　　滲透（Infiltration）是指趁隙潛入敵防禦陣地，在敵後地區進行偵察、警戒、自非預期方向發動攻擊、確保重要地形、占領砲兵觀測點、伏擊、襲擊、隱密排除障礙等。右圖為滲透部隊襲擊敵方自走砲的範例。

　　滲透的目的並非殲滅敵軍部隊，它會與迂迴、包圍、突破等併用，自地面、水面、空中等潛入敵後地區。為**避免被敵軍發現**，在潛入途中會以**不與敵交戰作為前提**。

　　滲透部隊會設定**滲透路徑**（Infiltration Lane）潛入敵區，滲透部隊規模是以**每條路徑1個連為基準**，全部加起來則不超過旅。第一次世界大戰時期，德軍為了結束戰爭，曾實施胡蒂爾戰術（Hutier Tactics），執行大規模滲透作戰。

　　1918年3月，德軍在西部戰線發動的突擊——配備迫擊砲、輕機槍、手榴彈的小規模突擊隊——可說是戰爭最搶眼的表現。突擊隊會繞過強固地點，找出弱點並加以入侵。

　　當時英軍遭突破後，司令部陷入恐慌狀態，下令數萬士兵後退，整個土崩瓦解。富勒的「1919年戰略計畫（Plan 1919）」（參閱 **6-9**），就是以此為參考應運而生。

　　日本若利用複雜地形進行本土作戰，滲透將會由小部隊發動攻擊，而美國陸軍則提倡「**接續會協同精準火力，以重戰鬥力進行滲透，揭開攻擊的序幕**」（FM3-90《戰術（*Tactics*）》）。

第 4 章　戰術的定理～作戰的科學

▶滲透的範例

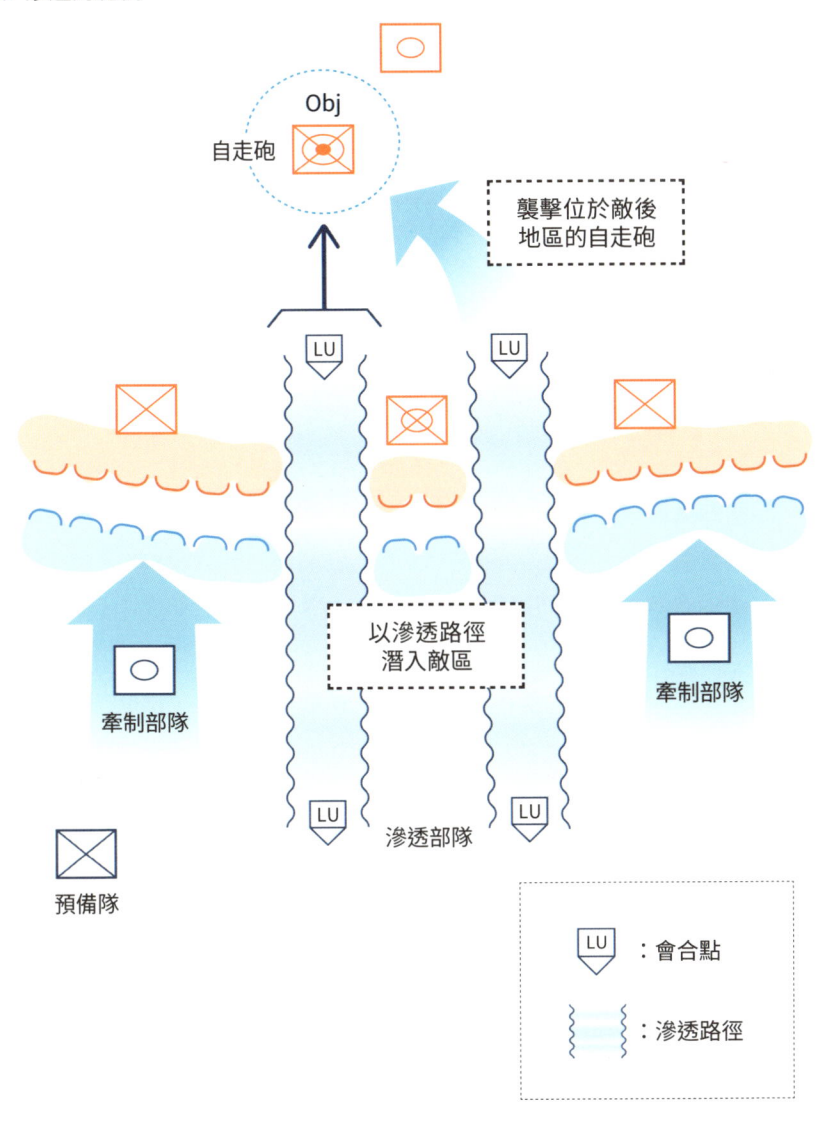

Obj
自走砲

襲擊位於敵後地區的自走砲

以滲透路徑潛入敵區

牽制部隊

牽制部隊

滲透部隊

預備隊

LU ：會合點

：滲透路徑

會合點指的是讓化整為零進行滲透的人員重新集結，準備進行下一步行動的地點

參考：FM3-90《戰術（ *Tactics* ）》

121

4-8

徒步行軍
以最佳狀態抵達,從事後續戰鬥

今日已是車輛化的社會,可能會有人認為「幹嘛還要像以前那樣徒步行軍」?

地球上其實遍布沼澤、森林、高原、山岳、人口稠密的都會區等,這些都是不適合車輛通過或進行機動戰鬥的特殊地形。若戰場位於此類地形,那麼徒步行動的步兵就會變成主角。

各種作戰也都會伴隨部隊移動——以徒步或車輛行軍、靠鐵路、飛機、船舶移動,或是交相組合——,讓部隊與裝備以適時、**必須能投入戰鬥的狀態抵達目的地**。

即便是號稱最為現代化的美國陸軍,也還是有純徒步編成的步兵部隊。右圖的**步兵旅級戰鬥部隊(IBCT)**是3種旅級戰鬥部隊中最輕量的類型。

機動部隊(戰鬥部隊)的**步兵營**分為輕步兵、空降、機降、突擊、山地5種類型,各種類型的編成均相同。其中作為核心部隊的**步兵連,便是並未編制車輛的完全徒步部隊**。

徒步行軍對於士兵而言疲勞度較強,因此必須進行適切管理。即便能夠抵達目的地,若因疲勞導致無法為原本的作戰起到作用,便是「行軍失敗」。

美國陸軍的**徒步行軍**是以每天20〜32km(道路:日間4km/h、夜間3.2km/h,越野:日間2.4km/h、夜間1.62km/h)為標準。若為**強行軍**(Forced Marches),則不超過56km/24h、96km/48h、128km/72h。

第 4 章　戰術的定理～作戰的科學

▶步兵旅級戰鬥部隊（IBCT）的構成

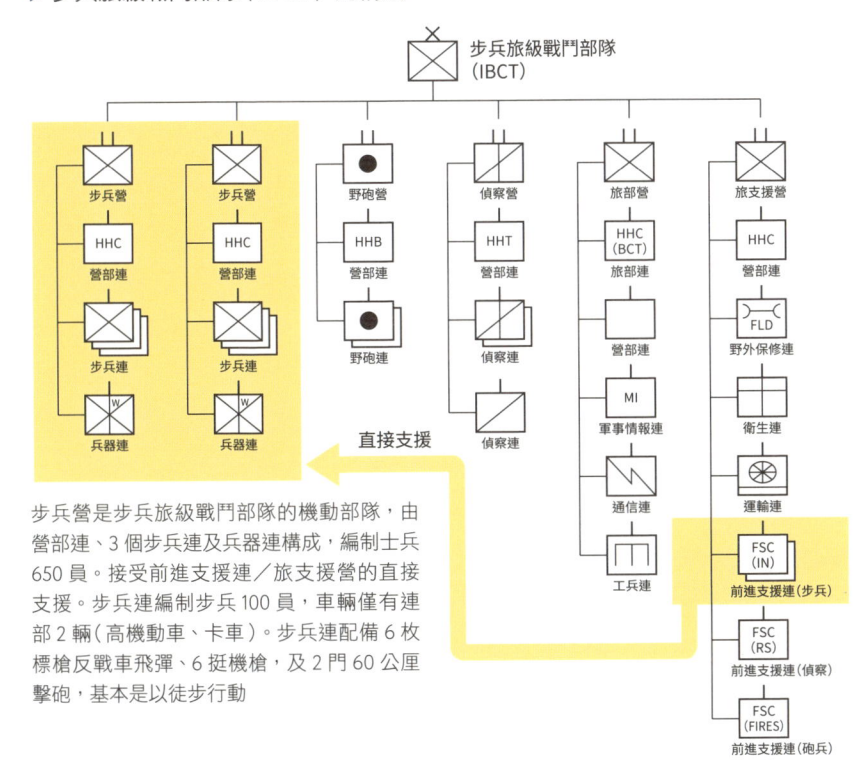

步兵營是步兵旅級戰鬥部隊的機動部隊，由營部連、3 個步兵連及兵器連構成，編制士兵 650 員。接受前進支援連／旅支援營的直接支援。步兵連編制步兵 100 員，車輛僅有連部 2 輛（高機動車、卡車）。步兵連配備 6 枚標槍反戰車飛彈、6 挺機槍，及 2 門 60 公厘擊砲，基本是以徒步行動

參考：《旅級戰鬥部隊（ Brigade Combat Team ）》（ 2010 年 ）

步兵（空降）部隊的訓練。
圖：美國陸軍

123

4-9

戰鬥前進
預期會與敵接觸、戰鬥的行軍

　　若能概略掌握敵軍位置，且尚有相當距離，自某地點移動至戰場附近的部隊，便很有可能會與敵軍接觸或交戰，必須以隨時能夠進入戰鬥的狀態行軍。像這樣的行軍，會稱為**戰鬥前進**（Approach March）。

　　接敵運動（Movement to Contact）的目的，在於與敵軍接觸或保持接觸。若與敵接觸，便會爆發戰鬥。雖然會依狀況而異，但也**有可能會為了弄清敵情而發動攻擊、執行威力偵察，甚至發展為正式遭遇戰**。右圖為步兵營戰鬥前進時的行軍隊形範例。

　　前鋒會配置偵察、監視部隊（偵察排等），其後跟隨前衛（步兵連）。主力部隊為了排除障礙、發揚火力（拖式反戰車飛彈、Mk19 榴彈機槍等），會讓工兵排或兵器連走在比較前面。

　　營部為了指揮行軍並準備戰鬥，會開設主指揮所（Main CP）及戰鬥指揮所（Combat CP）。主力部隊兩翼會配置側衛，最後則配置後衛，對四周進行警戒，**採取警戒戰鬥態勢**（CP：Command Post）。

　　慶應四（1868）年1月3日下午5點左右，在京都南方鳥羽街道橫跨鴨川的小枝橋附近，自大阪北上的舊幕府軍，保持一般行軍隊形嘗試強行突破備有大砲、步槍，並且裝好子彈守株待兔的薩摩軍，**鳥羽伏見之戰**就此爆發。

　　舊幕府軍並未採取戰鬥前進隊形，且還讓「見迴組」（僅配備刀劍長槍，未持用步槍）打前鋒，行軍隊形宛若戰國時代，不適用於近代戰。

第 4 章　戰術的定理～作戰的科學

▶步兵營的戰鬥前進隊形

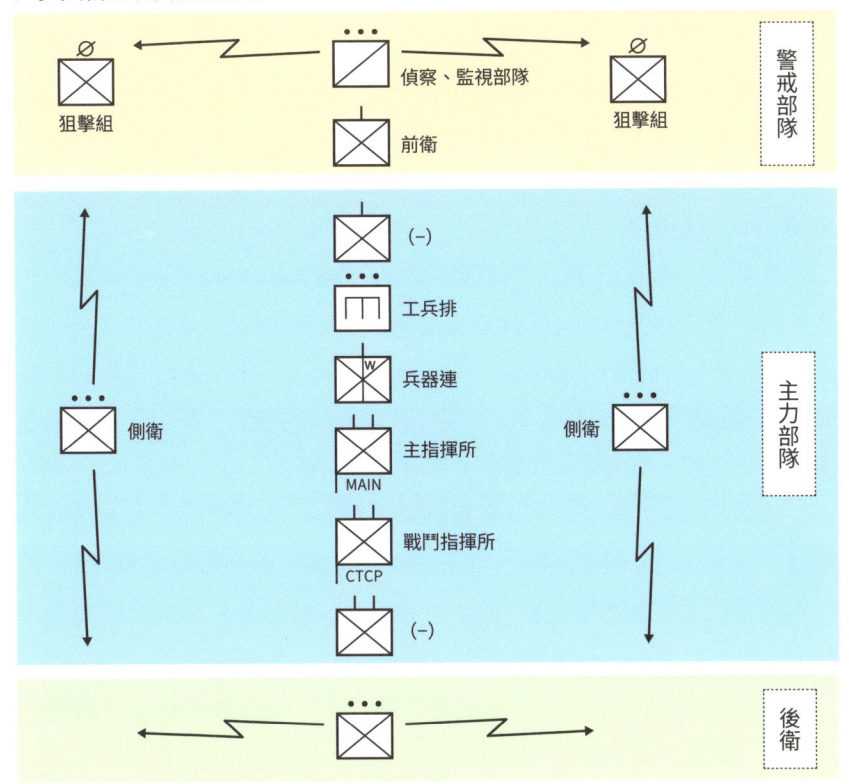

警戒部隊
- 狙擊組
- 偵察、監視部隊
- 前衛
- 狙擊組

主力部隊
- (−)
- 工兵排
- 兵器連
- 主指揮所 MAIN
- 戰鬥指揮所 CTCP
- (−)
- 側衛（左右）

後衛

圖中的（−）表示部份部隊因改隸其他部隊等原因而欠缺

出處：FM3-21.20《步兵營(Infantry Battalion)》

狙擊手負責狙殺敵指揮官或飛彈操作手等重要目標

圖：美國陸戰隊

125

4-10

遭遇戰 其之①
現代戰爭也會發生遭遇戰嗎？

　　遭遇戰（Meeting Engagement）算是獨立戰術行動嗎？這個疑問，有 No 與 Yes 兩種答案。

　　其 1（No）：約米尼／著**《戰爭藝術（ The Art of War）》**（1838 年出版）與高野長英重譯的**《三兵答古知幾》**（原書出版於 1833 年，編註海因里希・馮・勃蘭特（Heinrich von Brandt）著《三兵戰術基礎（*Grundzüge der Taktik der drei Waffen*）》），雖有詳述軍隊的移動、行軍，但卻沒有遭遇戰的篇章。美國陸軍準則的**《戰術（** *Tactics* **）》**（2001 年版）也一樣。

　　其 2（Yes）：前蘇聯軍**《紅軍野戰準則》**（1936 年版）有遭遇戰的篇章，被稱作「重視遭遇戰，並花費較多時間訓練部隊打遭遇戰」。舊日本陸軍的**《作戰要務令》**、陸上自衛隊的**《野外令》**也都有遭遇戰章節。

　　以上兩者皆在**部隊移動的最後階段出現「遭遇戰或呈現遭遇戰樣貌」**，之後則發展為攻擊→戰果擴張→追擊，在認知上具有一致性。

　　遭遇戰或遭遇戰的樣貌，雙方皆有行動自由，攻擊、防禦的歸趨處於未定狀態，可說是一種「**浮動狀態**」。在此階段，指揮官的狀況判斷與部隊指揮會呈現異於一般攻擊、防禦的顯著特性。

　　筆者認為，在這個帶有特色的階段讓「遭遇戰」獨立成為一種戰術行動，對於基本教育與部隊訓練而言不僅頗具效果，且有其必要。

　　即便是在現代戰爭，在打傳統地面作戰時，不免會出現像右圖這種於各種場面爆發遭遇戰或呈現遭遇戰樣貌的浮動狀態。遇到這些狀況，就必須在理解遭遇戰本質之下進行狀況判斷與指揮部隊。

第 4 章　戰術的定理～作戰的科學

▶遭遇戰（或呈現遭遇戰樣貌）的範例

遭遇戰		● 敵我雙方皆在前進，遭遇後發生戰鬥。 ● 敵我接觸後，各自轉換為攻擊或防禦形態的戰場實相。
迂迴		● 迂迴的本質在於追求陣外決戰（參閱 4-2）。 ● 在擔任迂迴的部隊奪取迂迴目標前後，與放棄陣地的敵部隊爆發遭遇戰。
包圍		● 包圍的本質在於自敵部隊側背發動攻擊（參閱 4-3）。 ● 在擔任包圍的部隊前進至包圍目標時，可能會因敵預備隊發動反擊而出現遭遇戰。
反空機降		● 敵軍在我方防禦陣地後方地帶發動空、機降攻擊。 ● 若以預備裝甲部隊攻擊敵空、機降部隊，便會發生遭遇戰。

127

4-11

遭遇戰 其之②
遭遇戰的特色在於爭奪主導權

為何會發生遭遇戰？

大多時候，是因為無法掌握敵情，特別是其正確位置。**遭遇戰的本質，在於狀況（特別是敵情）不明（或不詳）是常態。**

即便是在 C4ISR（指揮、管制、通信、資訊、情報、監視、偵察）極度發達的現代戰爭，在像機動戰這種雙方都在移動的戰鬥時，要隨時掌握敵情細節實屬困難。有鑑於此，對於現代戰爭而言，**出現充滿變數的狀態這種遭遇戰樣貌的機會，反而還會增加。**

在陷入這種混沌狀況之下，當然就會形成**主動權（Initiative）**爭奪戰。正如同「遭遇戰的要訣在於先發制人」這句話所言，先敵人一步取得情報，便是先發制人的第一要件。

透過優於敵軍的情報活動，便能先敵人一步準備戰鬥、先行奪取可控制戰場的重要地形、在戰況尚未底定之時占據有利態勢、發揮具組織性的先制火力，於戰鬥初期便掌握趨勢。

右圖為針對與敵在地面接觸後加入戰鬥的方式──立即攻擊、周密攻擊──就指揮實行上的觀點進行描述。若重視戰機（時間要素與對戰況有利的狀況），立即攻擊（Hasty Attack）較為有利，美軍也加以推崇。

雖說如此，有鑑於現代戰爭特色在於戰鬥力的綜合發揮，**一開始就派所有部隊進行周密攻擊，其實比較妥當。**即便是立即攻擊，也必須盡快設法轉為周密攻擊才是。

第 4 章　戰術的定理～作戰的科學

▶遭遇戰時加入戰鬥的要領與指揮實行上的差異

		立即攻擊 (Hasty Attack)	周密攻擊 (Deliberate Attack)
	基本姿態	● 分權管制 ● 重視各級指揮官主導權(獨斷專行)的戰鬥指導	● 集權管制 ● 基於作戰計畫,對整場戰鬥採行具統籌性、計畫性的戰鬥指導
決定攻擊構想	攻擊開始時機	● 立即加入戰鬥	● 明訂攻擊開始時機
	攻擊發起線	● 通常不標示	● 通常會標示
	戰鬥編成	● 分權管制 ● 陸自:以戰鬥團加入戰鬥	● 解除行軍縱隊(戰鬥團)編組,編成攻擊部隊
	集結地	● 通常不標示	● 通常會標示
	行動地帶	● 通常不標示	● 通常會標示
	火力運用	● 分權運用 ● 各直接支援縱隊(戰鬥團)	● 統籌運用 ● 透過火力直接支援、全面支援、增援,讓整體發揮有效統籌運用
下達攻擊命令		● 各別命令 ● 對各縱隊(戰鬥團)各別下達命令,讓其加入戰鬥	● 統籌命令 ● 等待所有部隊集結,統籌下達命令,讓其加入戰鬥

※碰到遭遇戰或呈現遭遇戰樣貌(浮動狀態)時,就現實而言,並無法明確區分立即攻擊與周密攻擊,而是會依據當時敵我狀況,由指揮官選擇最佳攻擊方式。本篇是為了強調遭遇戰的特性才會這樣區分。

在反空、機降戰鬥這種機動餘地較大的場合,常有機會形成遭遇戰
圖:陸上自衛隊

129

4-12

攻擊限定目標

自主限定目標，以達成所期效果

　　一般戰鬥（鬥爭）的目的在於擊潰敵軍，粉碎其企圖（鬥爭意志）。至於「攻擊」這項戰術行動，無非就是最能達成戰鬥目的的行為。

　　攻擊的終極目的是殲滅敵軍部隊。然而，攻擊的其中一種形式「攻擊限定目標」之目的，則是自主限定應達成的目標，以獲得所期效果，並非直接殲滅敵軍部隊。有鑑於此，其前提就是在戰鬥時避免與敵軍主力陷入決定性戰鬥。攻擊限定目標時會採取以下行動。

- 牽制、拘束（參照右圖）、欺騙敵軍
- 遲滯行動、於防禦發動逆襲、反擊
- 以獲取情報為目的的威力偵察
- 先行奪取陣前要點而發動的攻擊
- 夜間攻擊

　　美國陸軍稱此為「掠奪式攻擊（Spoiling Attack）」，在防禦期間只要能夠實施，便會隨時進行。掠奪式攻擊的目的並非奪取地形或其他物理性目標，而是要破壞敵軍士兵、裝備，削減敵軍攻擊能力，並打亂攻擊時程（Timeline）。掠奪式攻擊會依以下場合與理由實施。

- 擾亂敵軍攻擊準備
- 破壞敵軍火力支援系統、燃料、備用彈藥、架橋裝備
- 為防禦部隊的陣地構工爭取時間
- 削減敵軍部隊間相互協同帶來的優勢

第 4 章　戰術的定理～作戰的科學

　　雖然攻擊限定目標屬於戰術層級（攻擊的其中一種形式）的戰術行動，但思考方式卻是較上一階的作戰層級，甚至適用於最高階的戰略層級（參閱 **2-1**）。

　　作戰層級的範例，可舉 1942 年 6 月中途島海戰時**日本陸軍部隊（一木支隊）登陸、占領中途島的行動**，該行動正可說是為了引出美國特遣艦隊主力進行決戰的限定目標攻擊行為。然而，這項行動卻因日本海軍在海戰吃了大敗仗（喪失 4 艘寶貴航空母艦）而未能實現。

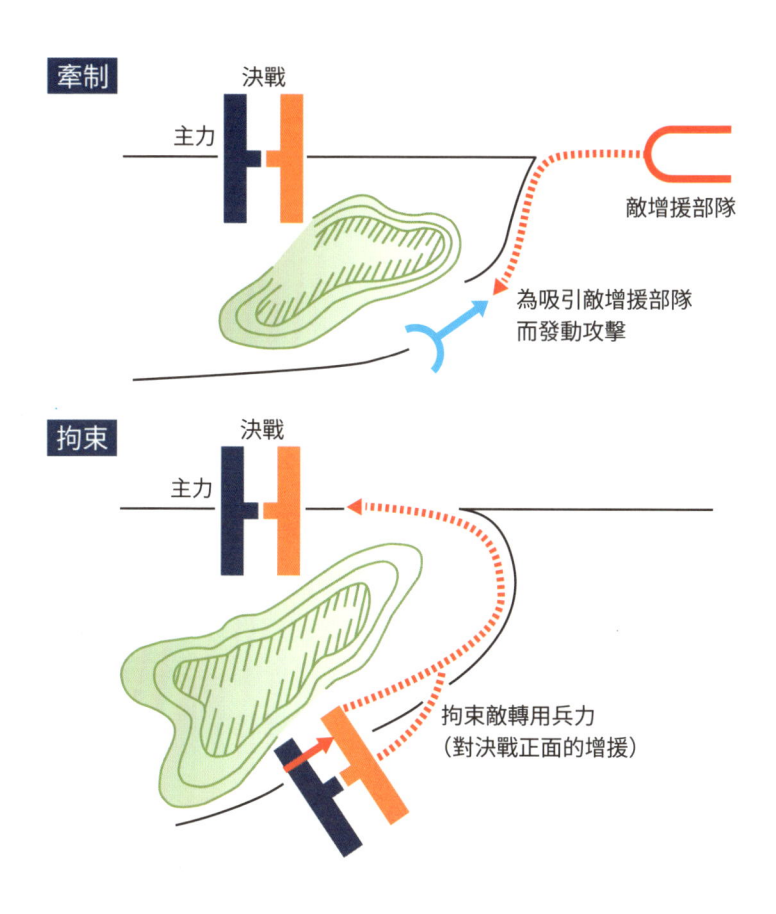

牽制

主力　決戰

敵增援部隊

為吸引敵增援部隊而發動攻擊

拘束

主力　決戰

拘束敵轉用兵力
（對決戰正面的增援）

4-13

防禦 其之①

防禦是從屬於其他決定性行為的戰術行動

　　一般戰鬥（鬥爭）的目的，在於「**擊潰敵軍、粉碎其企圖**」。為達成此目的，「攻擊」是獨一無二的戰術行動。

　　既然如此，「防禦」又是怎麼一回事呢？

　　右頁圖表是進行防禦的代表性範例。就讓我們一邊參考圖表，一邊來對防禦加以思考。

① **為攻擊爭取必要時間**：如同據城而守，在增援兵力抵達之前盡量爭取時間。增援抵達後，便會轉為攻擊。若守城時無法期盼增援──例如「大坂之役」時豐臣陣營的大坂城籠城等──則會剔除於一般戰鬥目的。

② **鞏固用以支撐攻擊的地區**：鞏固用來讓攻擊部隊集結、戰鬥展開、發起攻擊的要地。

③ **將兵力集中於其他正面**：主作戰與副作戰的關係。以最低限度的戰鬥力追求最大限度的效果。

④ **拒止敵軍入侵特定地區**：戰鬥不只發生於作戰地區，而是會在廣泛範圍以各式各樣的手段發生。

⑤ **攻勢防禦**：以轉守為攻作為前提，與上述防禦做出一線之隔。關於攻勢防禦，會於另闢篇幅介紹（**4-18**）。

　　除了攻勢防禦，**僅靠防禦是不可能達成一般戰鬥目的的**。也就是說，防禦是從屬於其他決定性行為（攻擊）的戰術行動。

　　防禦的重點在於「粉碎敵軍的攻擊」，並非殲滅敵軍。①～④是要**擊退敵軍攻擊，若能達成各自的賦予目標，防禦便告成功**。

第 4 章　戰術的定理～作戰的科學

▶在處於防禦狀態時

對攻擊產生有利條件的作為	為攻擊爭取必要時間		為了擊潰敵軍，必須花費相當時間集中必要戰鬥力。此時必須先行派遣部份部隊，阻止敵軍部隊攻擊，為主力部隊集中與攻擊準備爭取時間。
	鞏固用以支撐攻擊的地區		鞏固用以支撐攻擊的要地，這是屬於攻擊3項主要機能（拘束、機動、打擊）當中的拘束。攻擊部隊會在支撐點的支持下進行戰鬥展開，並且實施攻擊（機動、打擊）（參閱4-1）。
將兵力集中於其他正面（兵力節制）			為了在決戰正面（主作戰正面）集中最大限度戰鬥力，在其他正面（支線作戰正面）須以必要最低限度戰鬥力應對敵軍，以盡可能為決戰做出最大貢獻。內線作戰（參閱6-24）是典型範例。
拒止敵軍入侵特定地區		LOC	舉例來說，為了保持作戰穩定持續，必須確保後方聯絡線（LOC），並拒止敵軍入侵難以承受游擊或空中攻擊的地區（狹長路段等）。另外也包括政治中樞、基礎建設、核電廠、離島的防衛等。
攻勢防禦（以轉守為攻作為前提的防禦）			攻勢防禦要遂行的任務並非防禦本身，而是以擊潰敵軍部隊作為前提。奧斯特利茨會戰（1805年）就是典型的攻勢防禦，堪稱拿破崙作戰的最高傑作之一（參閱1-3）。

133

4-14

防禦 其之②
防禦的勝機在於「地利之便」

　　美軍準則（FM5-0《軍事行動〈作戰〉程序》〈*The Operations Process*〉）「**守方能夠擊潰擁有 3 倍戰鬥力攻方的可能性為 50% 以上**」的這句話相當值得玩味，這代表守方僅須具備攻方三分之一的戰鬥力即可達成防禦。

　　三分之一及 50% 以上這兩個數值，是根據過往累積的龐大戰史資料得出的結果。50% 以上代表守方並非只是單方面遭到擊潰，而是留有一點可以粉碎敵軍攻擊意圖的可能性。

　　這個可能性來自守方的地利之便，**地利之便**指的是充份**利用地形**，並且**準備周全**以逸待勞。

　　就防禦而言，地形本身就是一種戰鬥力。若能活用地形障礙，就能將該正面的戰鬥力轉用於其他正面（兵力節制）。

　　準備周全指的是最大限度活用敵軍發起攻擊前的時間，包括有組織性布設雷區及人工、天然障礙物，藉由縱深吸收、抵銷敵軍的衝力。

　　榴彈砲、迫擊砲的間接火力發揮，必須仰賴正確測量。正確實施測量，並準備好**與障礙物構連的集火點**、**彈幕**，便能搭配直射火力在陣前、陣內執行具有縱深的組織性火力戰鬥。

　　雖然守方能先攻方一步自由利用有利地形，但攻方也有選擇迂迴、包圍、側翼突破、滲透等的自由。因此即便是防禦，研擬**逆襲**攻擊計畫、執行主動戰鬥仍然相當重要。

第 4 章　戰術的定理～作戰的科學

120mm 迫擊砲（左）、155mm 榴彈砲（FH70）（右）。執行防禦時，像這樣發揮組織性間接火力是不可或缺的條件
圖：陸上自衛隊

83 式地雷敷設裝置每小時可布放超過 300 顆戰車防禦地雷
圖：陸上自衛隊

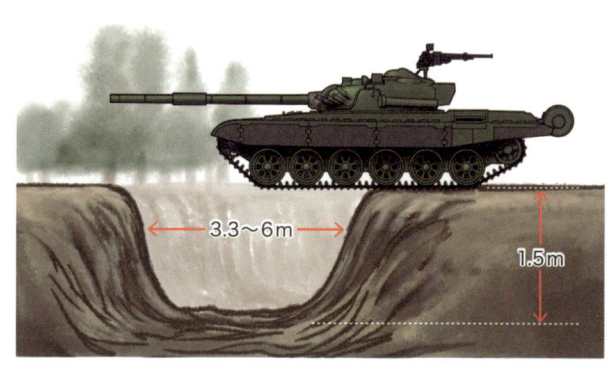

構築防戰車壕。現代戰爭的防禦，如何拒止、限制敵戰車機動極為重要

135

4-15

防禦 其之③
現代戰爭的特色在於立體防禦

　　防禦著重的是「粉碎敵軍的攻擊」。防禦的方式基本上有兩種，分別是**陣地防禦**（Area Defense）與**機動防禦**（Mobile Defense）。

　　防禦的成功條件，在於**粉碎敵軍攻擊意圖、鞏固防守地區**。至於方式，可以靠陣地發揮**阻絕火力**，或利用陣地組織實施攻擊行動，發揮**機動打擊力**；陣地防禦與機動防禦便是以這兩種不同思考方式加以區分。

　　重視陣地固定火力時，大部份部隊會配置於戰鬥陣地，以濃密阻絕火力粉碎敵軍攻擊意圖。此時也要備妥預備隊，以伺機發動逆襲。

　　若預期能**以機動打擊力進行防禦時**，部隊主力就會配置於最容易執行機動打擊的地點，並將最低限度的部隊放在主力前方。配置於前方的部隊，將以陣地固定火力支援機動打擊（為機動打擊製造條件）。

　　陣地防禦與機動防禦雖然在理論上有明確界線，但就現實而言卻很難明確劃分。由於防禦原本的目的是要鞏固防守地區，因此陣地防禦的色彩就會比較濃厚。

　　在現代戰爭中，重視的是對空防禦（圖1）與反戰車防禦（圖2）。圖為第4次中東戰爭剛開戰時（1973年10月），奇襲渡過蘇伊士運河的埃及軍為防備IDF（以色列國防軍）裝甲部隊實施機動打擊而設置的陣地防禦。

　　埃及軍完全阻絕以色列空軍戰鬥轟炸機入侵防禦部隊上空，並於地面陣地前方準備濃密的反戰車火力口袋，擊潰了IDF的裝甲部隊。

第 4 章　戰術的定理～作戰的科學

圖1　埃及軍的重層防空保護傘

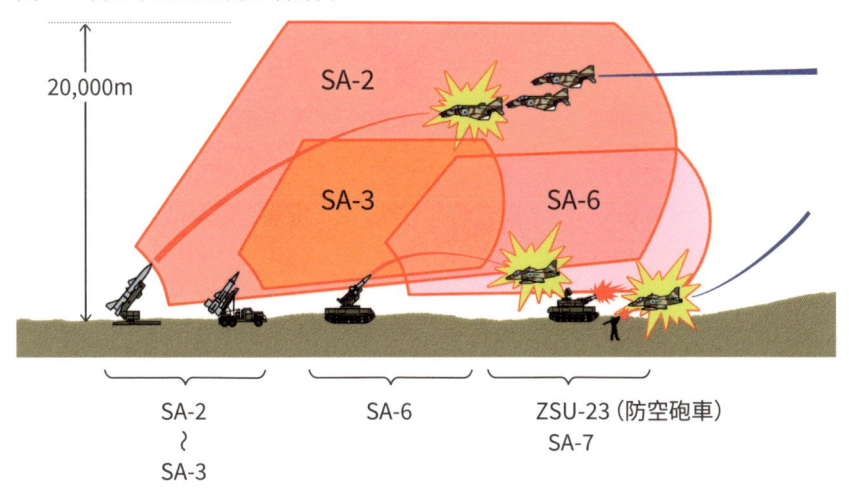

20,000m

SA-2
SA-3
SA-6

SA-2
～
SA-3

SA-6

ZSU-23（防空砲車）
SA-7

埃及軍在第三次中東戰爭曾被以色列空軍作戰飛機徹底擊潰，基於這項慘痛經驗，在第四次中東戰爭便以防空飛彈等武器構成重層防空網，阻絕以色列空軍飛機入侵防禦部隊上空

圖2　埃及軍步兵的反戰車戰鬥

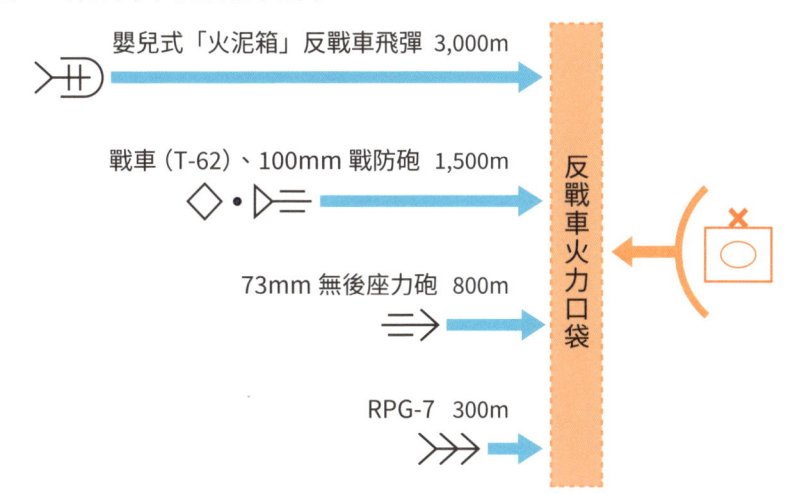

嬰兒式「火泥箱」反戰車飛彈　3,000m

戰車（T-62）、100mm 戰防砲　1,500m

73mm 無後座力砲　800m

RPG-7　300m

反戰車火力口袋

徹底集中反戰車武器

4-16

防禦 其之④

機動防禦只是理論？

最現代化的美國陸軍，對於機動防禦（Mobile Defense）是以下列敘述加以定義。

> 軍級以下的小規模部隊，一般不會進行機動防禦。理由在於軍以下的部隊並未具備能在作戰區域全正面、全縱深、全空域展開打擊部隊（Striking Force）、守備部隊（Fixing Force）、預備隊（Reserve Force），同時遂行複雜多樣戰鬥的能力。
>
> —— FM3-90 《戰術（*Tactics*）》

機動防禦如前項（4-15）所述，是對機動打擊力配置較多比重的防禦方式。其目的在於**粉碎敵軍攻擊意圖，確保守備地區**。再次重申，這並不是要去殲滅敵軍（參閱圖1）。

美國陸軍執行典型機動防禦時，會**將所有戰鬥力的一半或三分之二劃入打擊部隊**。師與更低層次的部隊，會充當守備部隊或預備隊。美國陸軍的機動防禦與一般機動防禦不同，並非只是單純鞏固防守地區，而是要設法殲滅敵軍部隊（Defeat or Destroy）。

機動防禦雖然是種聽起來頗為理想的戰術行動，但**典型的機動防禦，對於像陸上自衛隊這樣以國內作戰為想定前提、以步兵為主體的部隊而言，充其量只不過是紙上談兵罷了**。

在執行陣地防禦時，也要準備發動像逆襲那種機動打擊、強調主動發起戰鬥的重要性（圖2）。

第4章 戰術的定理～作戰的科學

圖1 防禦方式

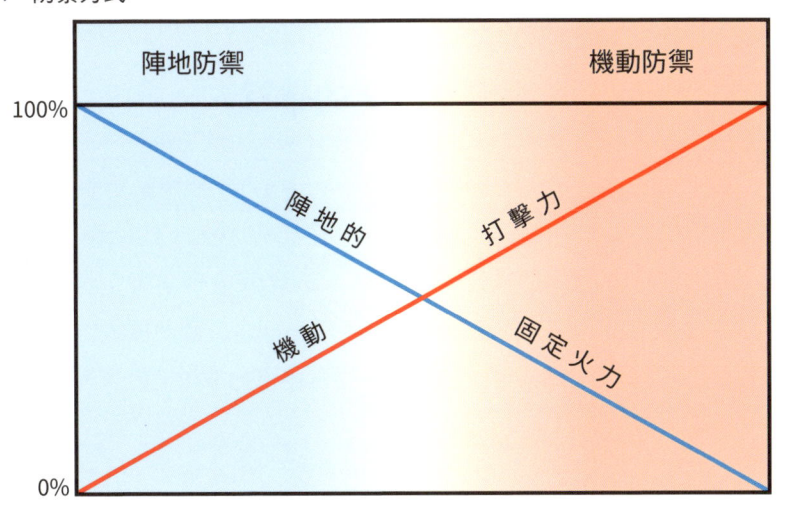

陣地防禦　　　　　　　機動防禦

100%

陣地的
打擊力
機動
固定火力

0%

陣地防禦的固定火力所占比例較大，機動防禦則是機動打擊力占比較大

圖2 機動打擊的概念圖

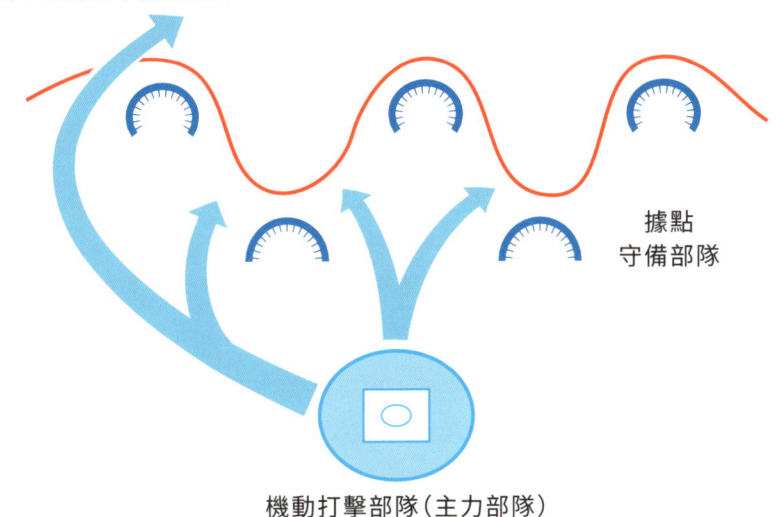

據點
守備部隊

機動打擊部隊（主力部隊）

像「逆襲」這種機動打擊對於陣地防禦而言也很重要

139

4-17

追擊
盡速捕捉、殲滅自戰場脫離的敵軍

追擊（Pursuit）是在攻擊即將結束時，為完全截斷敵軍脫離戰場的退路，並將之捕捉、殲滅的攻勢行動，可說是最後補刀的階段。

直接壓迫部隊會透過反覆對脫離之敵實施立即攻擊（逐次加入戰鬥）的方式將其拘束，**包圍部隊與機降部隊**則會占領敵後隘路、橋梁，讓敵軍變成「甕中之鱉」。以包圍部隊與直接壓迫部隊把敵軍夾在中間，可說是最理想的形式。

包圍部隊如何發揮超越脫離之敵的機動力相當重要，此外，由於他們是在主力部隊的間接火力支援範圍外行動，因此會配屬一些砲兵進行直接支援。當然，持續包圍部隊、直接壓迫部隊的**戰鬥力維持（後勤支援）**也非常重要。

追擊必須在空中與地面的廣闊、深入範圍進行，為此，攻擊之前就必須進行評估、計畫、準備，並事先將追擊部隊指定為預備隊，如此才有辦法實際發動追擊。

在戰史上，除了拿破崙在「耶拿戰役」（1806 年，Battle of Jena-Auerstedt）之後以輕騎兵部隊進行過長途追擊之外，幾乎看不到成功案例。德軍的敦克爾克追擊則是著名的失敗例子（1940 年）。

就現實而言，由於攻擊部隊也呈現疲勞困頓的狀態，因此多會滿足於眼前的勝利，而不進一步執行追擊。

一如 **2-8** 所述，追擊到了末期，會距離補給據點過遠，因而抵達攻勢終點，最後超過極點，使敵我雙方的物質戰鬥力均衡容易出現逆轉，必須多加留意。

第 4 章　戰術的定理～作戰的科學

圖 1　追擊的部署

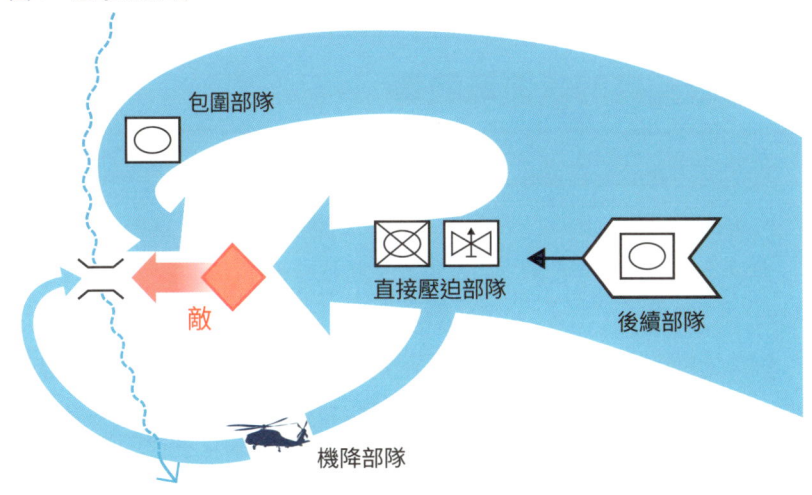

包圍部隊

直接壓迫部隊

後續部隊

敵

機降部隊

一如圖示，部隊會將敵軍變成「甕中之鱉」

圖 2　從突破到追擊的示意

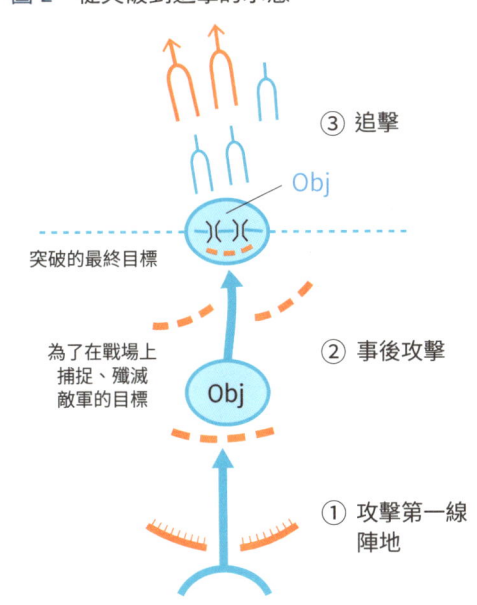

③ 追擊

Obj

突破的最終目標

② 事後攻擊

為了在戰場上
捕捉、殲滅
敵軍的目標

Obj

① 攻擊第一線
　 陣地

就現實而言，光以突破或包圍將敵殲
滅於戰場實非易事，最後勢必得要進
行追擊

141

4-18

攻勢防禦

攻勢防禦的目的是殲滅敵軍

　　防禦成功在於粉碎敵軍攻擊，不過攻勢防禦追求的卻是在那之後的戰鬥。讓我們來看一個比較古早的範例，**長篠合戰**可說是個典型例子。

　　天正三（1575）年5月21日上午5點左右，6千名武田軍在設樂原對擁有三倍兵力的1萬8千名織田、德川聯軍防禦陣地展開攻擊。

　　激烈的戰鬥一直持續到下午2點左右，聯軍主將織田信長看出武田軍的攻擊衝力即將耗盡，便下定決心**從防禦轉為攻擊（原本的企圖）**。織田、德川聯軍衝出柵欄，一齊發動攻擊。

　　雖然就織田、德川聯軍的戰鬥力而言，即使照常打仗也能打贏，但織田信長**為了創造確保勝利的條件**，刻意選擇採用陣地防禦。那麼，這個確保勝利的條件又是怎麼一回事呢？

　　聯軍的致勝關鍵在於**3,000挺火槍**（如同現代的反裝甲武器），武田軍的致勝關鍵則是騎兵隊（如同現代的戰車）衝鋒帶來的衝擊力。信長選擇最能發揮火槍威力的陣地防禦——構築拒馬、壕溝——在陣前擊退了武田軍騎兵隊的衝鋒。只要排除騎兵隊的威脅，之後就是以量取勝了。

　　攻勢防禦的目的在於殲滅敵軍。

　　雖然是採取防禦形態，但那只不過是個幌子，所有態勢都是以攻擊作為前提。拿破崙的最高傑作**奧斯特利茨會戰**（參閱1-3）就是典型的攻勢防禦，信長與拿破崙都對打勝仗的方法擁有明確的構想。

第 4 章　戰術的定理～作戰的科學

▶長篠合戰簡圖～天正三（1575）年 5 月 21 日

織田、德川聯軍首先擊退了武田軍的「致勝關鍵」騎兵隊，之後一齊轉為攻擊
出處：木元寬明／著《自衛官が教える「戰國、幕末合戰」の正しい見方》（雙葉社，2015 年）

16 世紀後半的火槍是火繩式的滑膛槍。有效射程 100m，重新裝填到射擊下一發的時間，熟練士兵約需 20 秒。也就是說，若騎兵隊以 20km/h 的速度衝鋒，15～20 秒便能衝過 100m，在敵軍射擊第 2 發之前便能闖入其陣地，此為當時的常識。信長藉由讓鐵砲連續發射的構想轉換，解決了這個問題

143

4-19

轉進行動
切斷與敵之接觸，和敵軍取出距離

轉進行動（Retrograde）是與交戰中的敵軍切斷接觸（脫離）、與敵軍取出距離（隔離），藉此應處新企圖的守勢行動。陸上自衛隊不喜歡《作戰要務令》中「撤退」這個辭彙的語感，因此將之統一改為「後退行動」。

1944年的英帕爾作戰（Battle of Imphal），英軍的史庫恩斯中將（Geoffry Scoones）採用打擊日軍過長補給線的高級戰術，以轉進行動將日軍引誘至英帕爾平原。當時日軍認為英印軍的行動是失敗逃走（參閱 6-16）。

轉進行動分為**自主進行與受敵壓迫後進行**；就現實而言，**若因防禦出現漏洞而有招致全滅的風險，就應避開白晝，改在夜間行動**。

轉進行動分為切斷與交戰之敵接觸並進行**脫離**，及脫離後與敵保持**隔離**兩個階段，其中特別是首先進行的脫離這個動作相當具有特色。

即便是自主判斷進行轉進，由於正在與敵軍交戰，因此也沒辦法讓所有部隊一起退卻。

為了讓防禦態勢看起來不至生變，會留下部份第一線部隊當作**斷後部隊**，留在當前陣地。火砲、迫擊砲火力的射擊也得看似照常，讓部份單位持續射擊。為了收容斷後部隊，會於後方配置**收容部隊**。

美軍的旅級部隊會留下步兵連作為斷後部隊，並配置步兵營作為收容部隊。雖然美軍也會配置**敵中斷後部隊**（Stay-behind Force），但也會確實研擬收容方案，強調並非「自殺任務（Suicide Mission）」。

第 4 章　戰術的定理～作戰的科學

▶野戰師的脫離範例

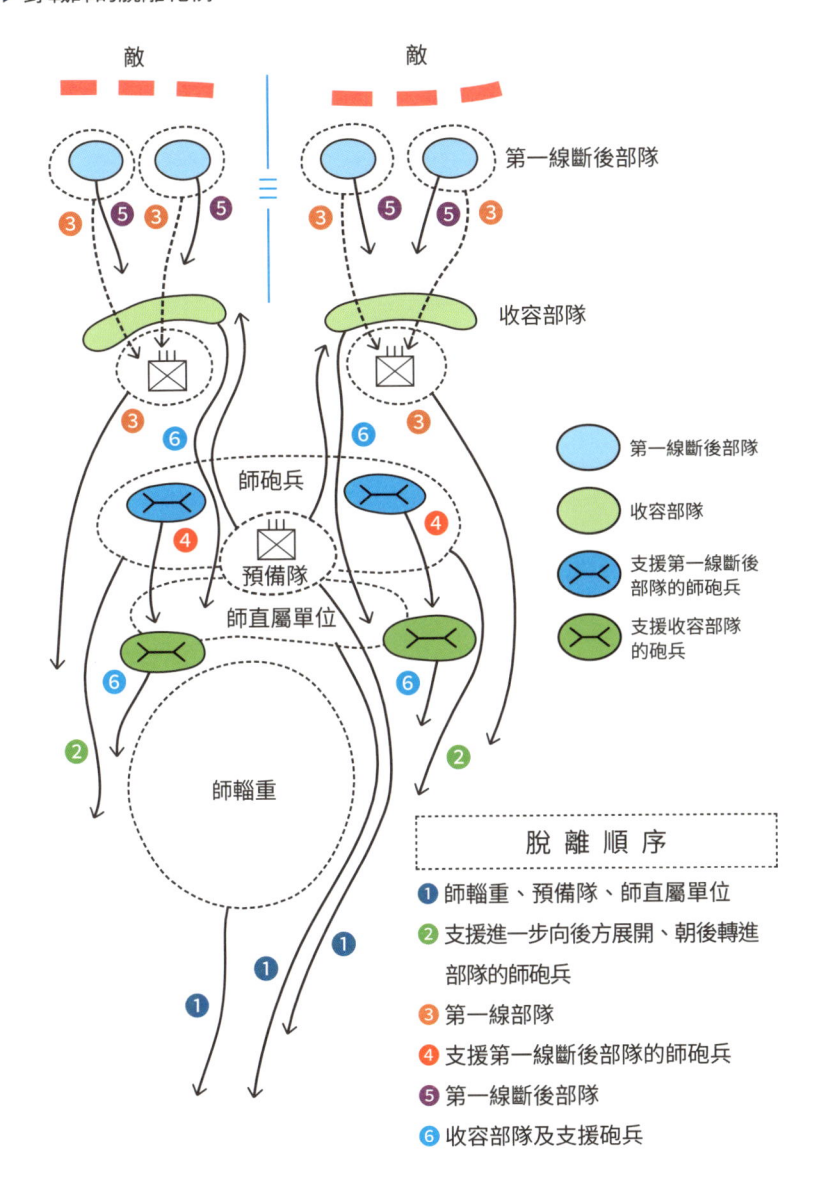

敵　　　　　敵

第一線斷後部隊

收容部隊

師砲兵

預備隊

師直屬單位

師輜重

圖例	
🔵	第一線斷後部隊
🟢	收容部隊
🔵✗	支援第一線斷後部隊的師砲兵
🟢✗	支援收容部隊的砲兵

脫 離 順 序

❶ 師輜重、預備隊、師直屬單位
❷ 支援進一步向後方展開、朝後轉進部隊的師砲兵
❸ 第一線部隊
❹ 支援第一線斷後部隊的師砲兵
❺ 第一線斷後部隊
❻ 收容部隊及支援砲兵

師以 2 個團執行第一線防禦時的脫離範例。在敵軍壓迫之下，要在夜間執行有序脫離並非易事

145

4-20

各個擊破 其之①
運用蘭徹斯特法則，發揮創意製造勝機

　　F·W·蘭徹斯特（英，Frederick William Lanchester）於1914年發表「蘭徹斯特法則」（Lanchester's Power Laws），以數理方式說明歸納自從古至今戰爭經驗的「集中原則」（參閱1-4），**闡明優勢兵力必勝的原則。**

　　蘭徹斯特的交戰理論，是將兩軍兵力損耗化為聯立微分方程式，最具代表性的模型為蘭徹斯特線性率與平方率。

　　線性率屬於單挑法則，就像日本戰國時代的合戰那樣，以刀、槍、弓箭等個人作戰累積決定戰爭結果。基本上來講，能湊到多於對手陣營的兵力進行決戰，便是獲勝關鍵。

　　平方率處理的則是仰賴綜合戰鬥力的現代戰爭，戰鬥力與兵力數量的平方成比例，證明越是能夠集中，便越能發揮壓倒性優勢。現代戰爭並非士兵一對一作戰，不僅武器主力轉變為火器（步槍、機槍、大砲、戰車等），戰鬥也是以組織進行。

> 我們的戰略是「以一當十」，我們的戰術是「以十當一」，這是我們制勝敵人的根本法則之一。
>
> ── 毛澤東《中國革命戰爭的戰略問題》

　　即便整體屈居劣勢，只要能在部份創造優勢，就有辦法取勝。各個擊破就是實現此法的戰術方略，十分考驗指揮官的戰術能力。

第 4 章　戰術的定理～作戰的科學

▶蘭徹斯特的交戰理論（平方率）

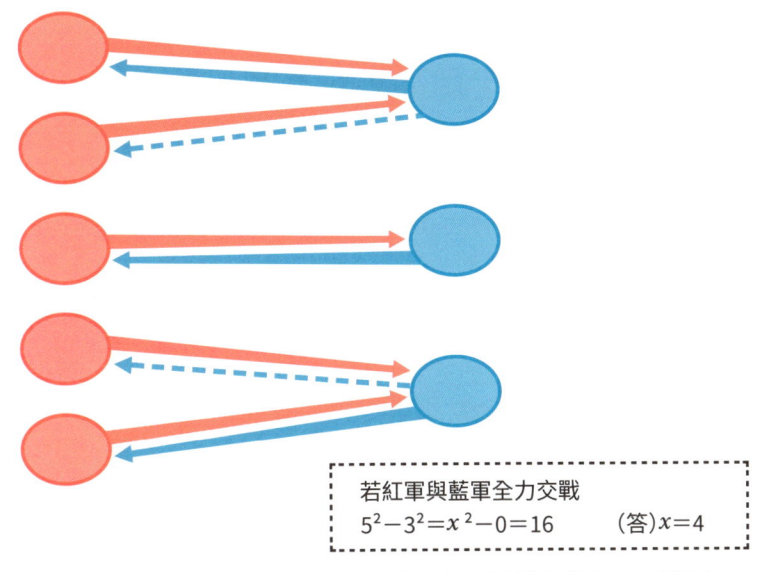

若紅軍與藍軍全力交戰
$5^2-3^2=x^2-0=16$　　（答）$x=4$

根據平方率模型，當兵力 3 的藍軍部隊全滅時，兵力 5 的紅軍部隊會剩下 4，也就是有 80% 得以生還

▶各個擊破示意

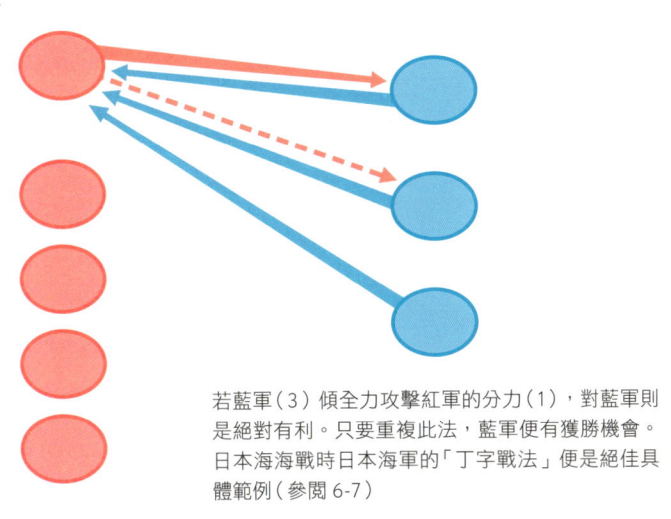

若藍軍（3）傾全力攻擊紅軍的分力（1），對藍軍則是絕對有利。只要重複此法，藍軍便有獲勝機會。日本海海戰時日本海軍的「丁字戰法」便是絕佳具體範例（參閱 6-7）

147

4-21

各個擊破 其之②
別放過敵軍兵力分離的大好時機

　　各個擊破的目的在於針對與主力部隊分離的部份敵軍保持局部優勢，以依序擊破各個敵軍，獲得整體勝利。各個擊破就本質而言，是屬於**以寡敵眾的戰法**。除此之外，它同時也是呼應敵軍行動的**機會戰法**。

　　為此，一般而言這會比較被動，容易被敵奪得先機，是其較為不利的一面。有鑑於此，指揮官看準時機的**眼光**（看出戰機的沉著冷靜判斷）便顯得特別重要。讓各個擊破得以成立的最大要素則是**時間**。

　　各個擊破成立的條件如下，指揮官是否能夠準確算出勝利條件至關重要。

① 敵軍在時間、空間上處於兵力分離狀態（圖 1、2）。
② 趁敵犯錯。敵軍兵力之所以會分離，是因為其犯下錯誤，只要利用這個機會，便有辦法各個擊破。
③ 因作戰態勢自然導致兵力分離。舉例來說，當敵採取迂迴行動時，必然會造成兵力分離。這雖是個危機，但也可以是轉機。
④ 可在戰場上（與部份敵軍交戰）維持相對戰鬥力優勢。
⑤ 敵我皆具攻勢意志（作戰為雙方意志的衝突）。
⑥ 審慎評估第 2 擊以降是否有辦法各個擊破。
⑦ 全面察知敵情，具情報活動優勢。
⑧ 具備各個擊破所必要的土地面積（面積足以進行拘束、機動、打擊）。
⑨ 可在友軍空中優勢下充分發揮機動力、運動力。
⑩ 各級指揮官的決斷力、先見洞察力、冒險心（獨斷專行、任務式指揮。參閱 6-13、6-28）。

第 4 章　戰術的定理～作戰的科學

圖1　水平方向分離的範例

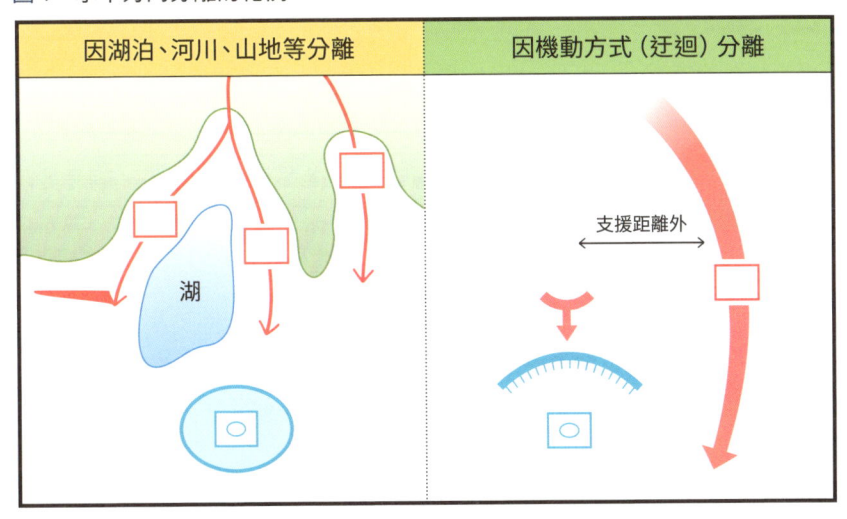

因湖泊、河川、山地等分離	因機動方式（迂迴）分離
湖	支援距離外

圖2　垂直方向分離的範例

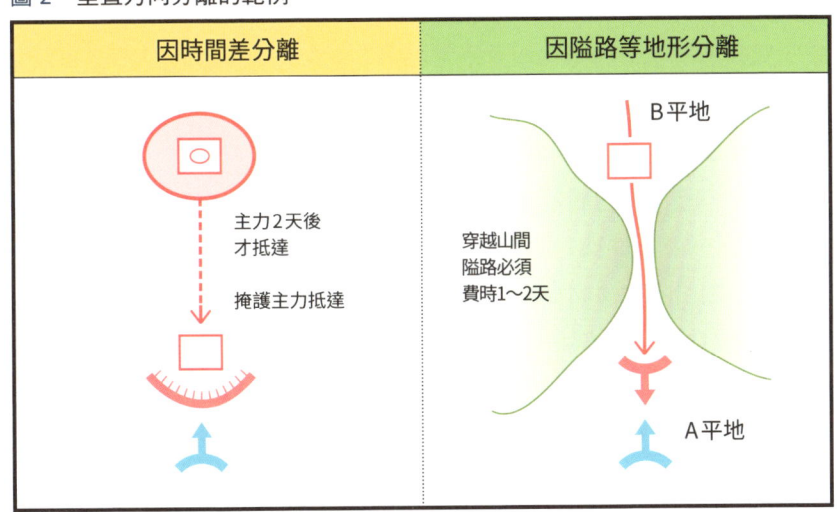

因時間差分離	因隘路等地形分離
主力2天後才抵達 掩護主力抵達	B平地 穿越山間隘路必須費時1～2天 A平地

兵力分離會在時間上、空間上於有限時間內發生。這種狀態可能是危機，但也可以視為轉機。拿破崙在加爾達湖畔施展的各個擊破（1796年），讓既有戰術全部變得過時（參閱 6-2）

149

各個擊破 其之③
反登陸作戰要看準剛登陸時的浮動狀態

執行反登陸作戰時，會出現**敵軍暫時分離於海上與灘頭，或是登陸灘頭的部隊與空、機降至內陸的空中機動部隊尚無法相互支援，因而形成分離**的特點。

由於侵略部隊會以具壓倒性的海、空戰力優勢全面支援登陸部隊，因此反登陸作戰**唯一的勝機**，就是針對**敵軍剛登陸時呈現的浮動狀態**。

那麼，剛登陸時的浮動狀態又是怎麼一回事呢？

登陸作戰首先要派先遣部隊（陸戰隊）搶灘，並且建立**灘頭堡**。接著，在灘頭堡的保護下，讓主力（陸軍部隊）登陸，向內陸擴大占領區。

陸戰隊搶灘後，為了避免誤擊友軍，岸轟支援會將射程向內陸延伸，空中攻擊也比照辦理。為此，在灘頭附近與主力分離的陸戰隊，就會暫時處於無法獲得火力、空中支援的**孤立無援狀態**。

只要看準這個時機，反登陸部隊（防禦部隊）就會使用各種**手段發動攻擊（機動打擊）**，將陸戰隊趕下海去。打擊部隊以戰車為核心的**裝甲部隊是最適合的**，這一點大家都知道。

為此，設法讓防禦部隊撐過登陸前的岸轟與空襲，並完好集中至戰場，便是作戰成功的最大前提。除此之外，機動打擊出現的時機也如電光火石，很快就會消失。

反登陸作戰的本質，可說是在登陸正面的戰力集中兵力，爭奪優勢，並要看準敵軍建立灘頭堡前後的浮動狀態發動攻擊。就國土防衛作戰而言，將敵軍趕下海去，就是成功的絕對條件。

第 4 章　戰術的定理～作戰的科學

▶反登陸作戰的本質

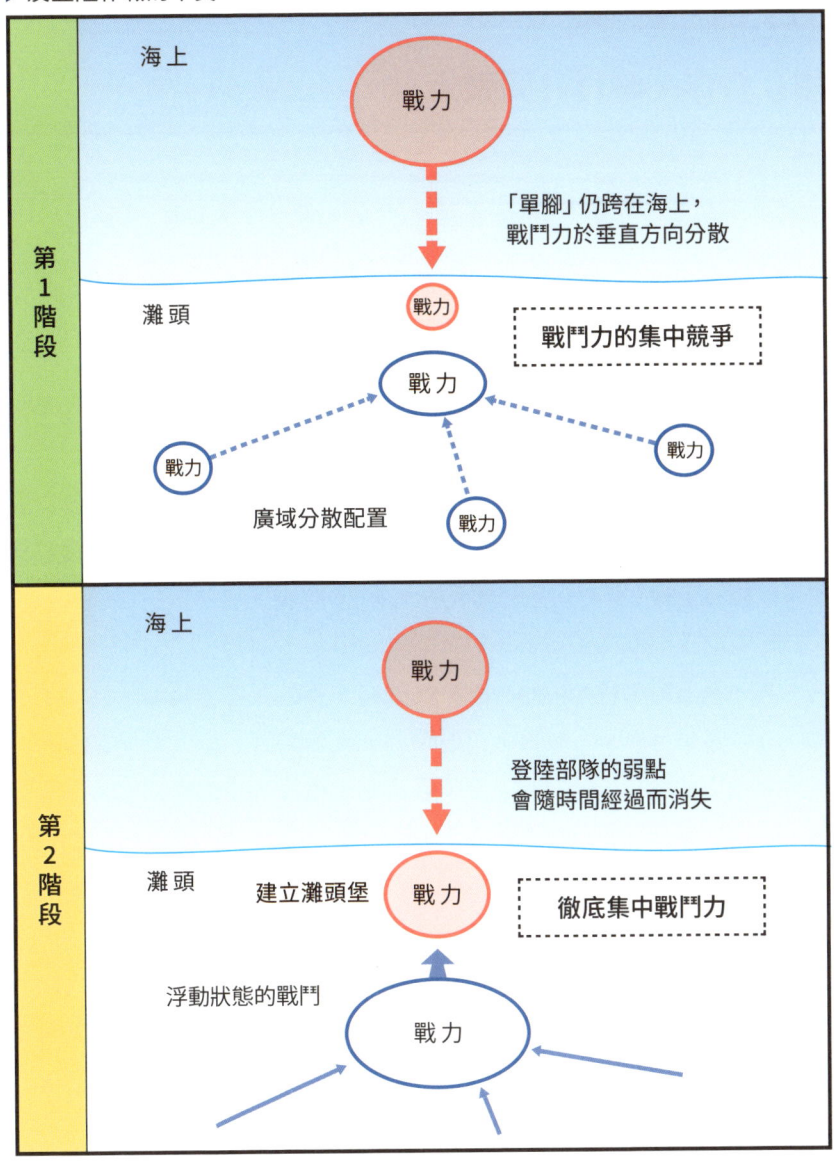

第 1 階段

海上

戰力

「單腳」仍跨在海上，
戰鬥力於垂直方向分散

灘頭

戰力

戰鬥力的集中競爭

戰力

戰力　戰力

廣域分散配置

戰力

第 2 階段

海上

戰力

登陸部隊的弱點
會隨時間經過而消失

灘頭

建立灘頭堡　戰力

徹底集中戰鬥力

浮動狀態的戰鬥

戰力

反登陸作戰幾乎沒有成功案例。諾曼第作戰時，德軍裝甲師雖然有機會在盟軍剛搶灘時趁亂發動反擊，但卻因各種原因而未發動

151

4-23

相互支援
相互合作，應付共同敵人

> 故善用兵者，譬如率然；率然者，常山之蛇也，擊其首，則尾至，擊其尾，則首至，擊其中，則首尾俱至。
>
> 善於用兵的人，就會像率然那樣。率然是一種棲息於常山的蛇，攻其蛇尾，蛇頭就會反擊，攻其蛇身，則首尾都會反擊。
>
> ──吉田松陰／著《孫子評註》

現今為了有效發揮戰鬥力，一般都會編組聯合兵種單位（將各兵種一體化編組的部隊）。在實際作戰、戰鬥時，部隊配置基本上會讓各單位得以**相互支援**（聯合兵種的編成會在 **4-24** 解說）。

相互支援（Mutual Support）有兩種面相。

其一為支援射程（Supporting Range），指的是被支援部隊位於支援部隊的間接射擊武器（榴彈砲、迫擊砲、火箭砲等）最大射程範圍內。就排級以下而言，則是直射武器（戰車砲、機槍、步槍等）可涵蓋的範圍。

另一個則是**支援距離（Supporting Distance）**；若某部隊遭敵擊潰，其他部隊如果能適時趕到並共同禦敵，相互支援便得以成立。

相互支援指的是互相合作對付共同敵人；為了讓各部隊能在戰場上發揮最大限度戰力，就要效法常山之蛇（孫子第十一篇 九地），**擊其首則尾反擊，擊其尾則首來攻，擊其身則首尾同時攻擊，必須要能相互支援**。

第 4 章　戰術的定理～作戰的科學

▶以射程及距離進行支援的範例

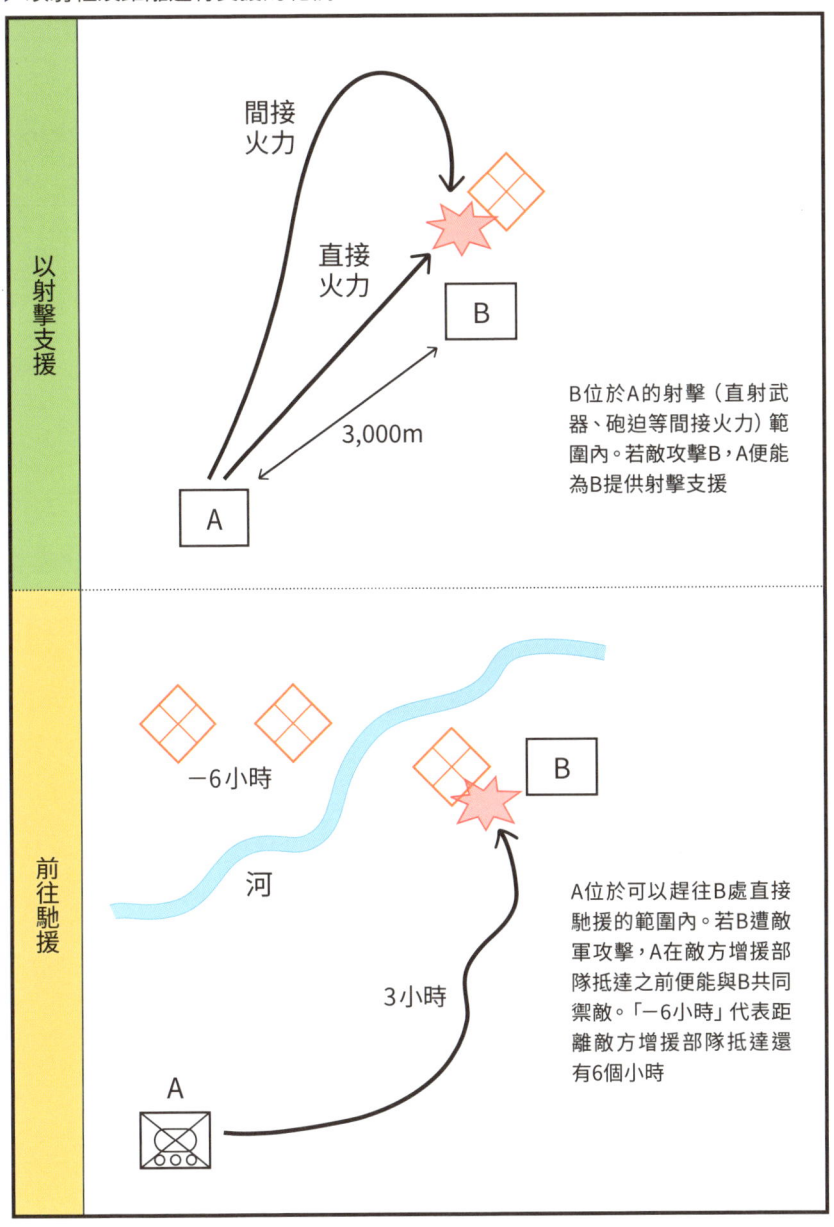

以射擊支援

間接火力

直接火力

B

3,000m

A

B位於A的射擊（直射武器、砲迫等間接火力）範圍內。若敵攻擊B，A便能為B提供射擊支援

前往馳援

－6小時

河

B

3小時

A

A位於可以趕往B處直接馳援的範圍內。若B遭敵軍攻擊，A在敵方增援部隊抵達之前便能與B共同禦敵。「－6小時」代表距離敵方增援部隊抵達還有6個小時

153

4-24

聯合兵種

最能有效發揮戰鬥力的部隊編成

戰鬥力是由 8 項要素構成。

包括 6 項戰鬥機能——①移動、機動、②作戰情報、③火力、④戰力維持、⑤任務式指揮、⑥防護——，以及⑦領導力與⑧資訊（參閱 3-3）。

最能有效發揮這種戰鬥力的部隊編成，就是聯合兵種。聯合兵種編成有以下兩種方式。

第 1 種是**特定需求式（Force Tailoring）**。這就好比訂做服飾，依照需求決定聯合兵種單位的最佳組合。圖為美國陸軍的典型範例。

今日的美國陸軍，會在獨立師部底下編制多個旅級戰鬥部隊（聯合兵種部隊）、支援旅、機能旅等，可針對狀況快速反應遂行任務。

第 2 種為**任務編組式（Task-organizing）**，此時會指定遂行任務的部隊，規劃所需參謀支援或所需後勤規模與構成，以應處特定任務。

編組特遣隊（Task Force）聽起來好像很大費周章，但這只是為了有效發揮戰鬥力所進行的處置。實際做法是於麾下部隊配屬必要單位，並派遣參謀、於後勤上進行特別處置，然後賦予特定任務。

陸上自衛隊師團的作法，是以負責近接戰鬥為主的步兵（普通科）或戰車連隊作為基幹，然後配屬必要部隊（步兵、戰車、砲兵、工兵、後方部隊等）**編成戰鬥團（普通科連隊戰鬥團或戰車連隊戰鬥團）**。

第 4 章　戰術的定理～作戰的科學

▶空地作戰重型師的編成──86 師型（1982 年 3 月）

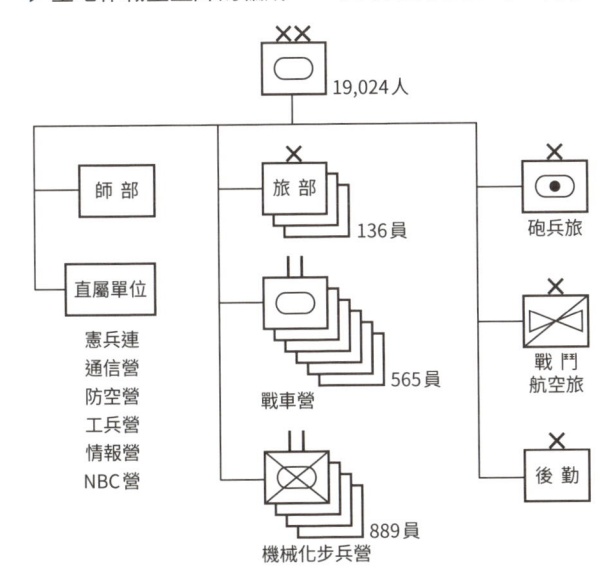

19,024人

師部

直屬單位
　憲兵連
　通信營
　防空營
　工兵營
　情報營
　NBC 營

旅部　136 員

戰車營　565 員

機械化步兵營　889 員

砲兵旅

戰鬥航空旅

後勤

麾下有 3 個旅部，師長可依據狀況於旅部配置適量戰車營與機械化步兵營，命旅長實施戰鬥。這種臨機應變的部隊編組方式稱為「特定需求式」，是美國陸軍的傳統部隊編成做法

陸自戰車連隊戰鬥團的編成

155

COLUMN 4

內燃機的發明
讓作戰方式產生劃時代變革

　　19 世紀後半，使用液體燃料的內燃機問世，進而催生出汽車與飛機。第一次世界大戰時，戰車與飛機等新式武器的登場，使戰爭歷史進入了下一個時代，戰術也隨之改頭換面。以往的戰爭（戰略）會受鐵路、道路、河川、運河等交通路線大幅制約，但由於戰車、履帶車輛的汽油引擎可發揮越野行駛能力，因此各種制約便不再有效，甚至可協同飛機發動像是閃**擊戰**這種異次元戰術、戰法。

1916 年，於英國薩福克郡訓練中的 Mk. I 戰車。戰車是為了穿越機槍陣地與鐵絲網，進而突破塹壕而研製，在索姆河戰役首次登場

圖：Public Domain

第 5 章
指揮官的決心
～作戰之術

作戰可說是指揮官與指揮官「意志」對「意志」的衝突。作戰始於指揮官的「決心」，止於指揮官「承認勝利或敗北」。指揮官是唯一可以下達決心的人，由於指揮官的決心大多都屬於內隱知識，因此常被人稱為「術」。本章要介紹的是能以更理論、客觀的方式訓練指揮官如何下達決心的「軍事決策程序」，以及輔佐指揮官判斷狀況的參謀所扮演之角色、功能等。

5-1

旅部參謀組織
實行計畫、調整、監督，輔佐指揮官

　　本章主要介紹旅長的軍事決策程序——由旅部指揮官、參謀一體執行。在此之前，要先簡單說明旅部的組織、功能、特性等。

　　美國陸軍的史崔克旅級戰鬥部隊（SBCT：Stryker Brigade Combat Team）可說是最具代表性的 21 世紀型軍隊。SBCT 是擁有士兵 4,500 員、包含超過 300 輛史崔克裝甲車在內約 1,000 輛車的輕裝甲摩托化步兵部隊。SBCT 是完全數位化的部隊，所有車輛皆配備數位化設備，並以網路構聯。

　　為了輔佐旅長進行指揮、管制（Command & Control），旅部配有**副旅長（XO：Exective Officer）**及以下參謀。參謀又分為**個人參謀、協調參謀、特業參謀** 3 種（右圖），參謀業務主要由協調參謀擔綱。

　　美國陸軍會將**指揮比喻為屬於指揮官專權事項的技術**，**管制比喻為由參謀實施的科學**，將指揮官與參謀扮演的角色分別表徵為技術與科學，兩者有明確區別。參謀會適時準備旅長下達決心所需的資料，並依據旅長決心研擬具體作戰計畫、作戰命令，並輔佐監督作戰實行。

　　旅長會依據賦予的指揮權力指揮整個旅（參閱 5-3）。**副旅長（XO）**除了管制所有旅部參謀的活動之外，也負責訓練各參謀，建構有能力的幕僚團隊。

　　以前副旅長與參謀長是兩個不同的職位，但現在副旅長則兼具副指揮官與參謀長兩種功能，這在 ABCT 與 IBCT 也是一樣。

第 5 章　指揮官的決心～作戰之術

▶旅級戰鬥部隊的指揮及參謀組織

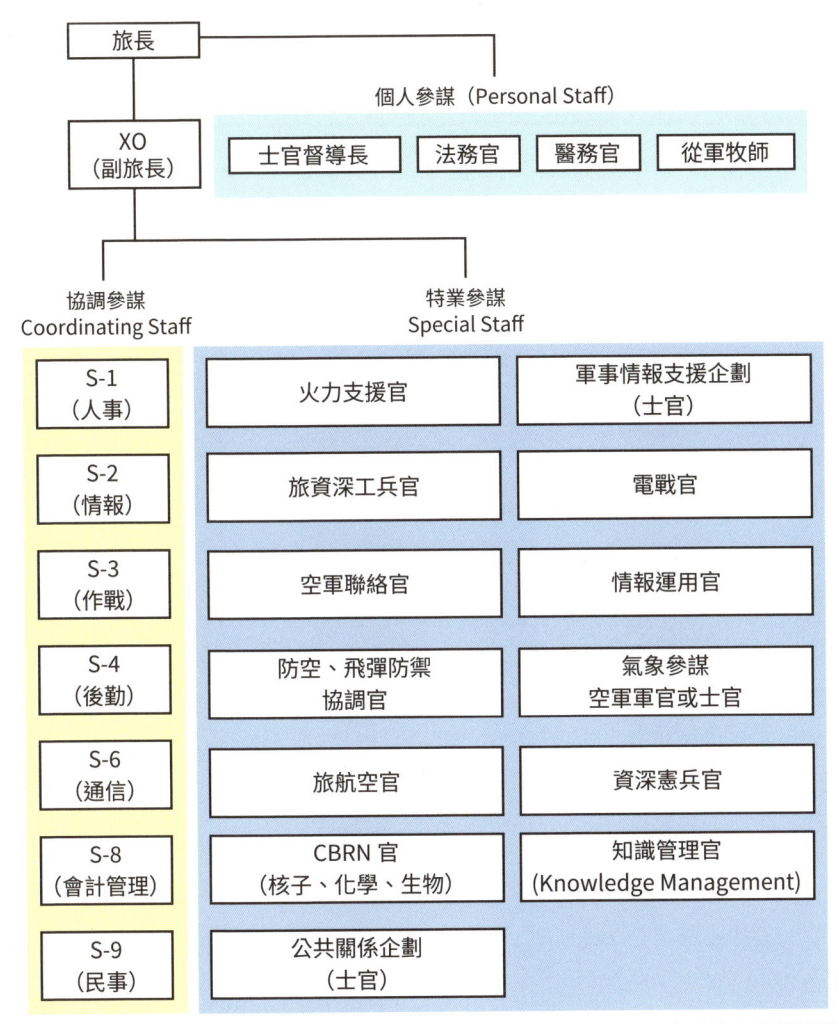

```
                    旅長
                     │
         ┌───────────┤
         │           │    個人參謀（Personal Staff）
         │     ┌──────────┬─────────┬─────────┬─────────┐
        XO    │ 士官督導長 │  法務官  │  醫務官  │ 從軍牧師 │
      （副旅長）└──────────┴─────────┴─────────┴─────────┘
         │
    ┌────┴────┐
    │         │
  協調參謀    特業參謀
Coordinating  Special Staff
   Staff
```

協調參謀	特業參謀	
S-1（人事）	火力支援官	軍事情報支援企劃（士官）
S-2（情報）	旅資深工兵官	電戰官
S-3（作戰）	空軍聯絡官	情報運用官
S-4（後勤）	防空、飛彈防禦協調官	氣象參謀 空軍軍官或士官
S-6（通信）	旅航空官	資深憲兵官
S-8（會計管理）	CBRN 官（核子、化學、生物）	知識管理官（Knowledge Management）
S-9（民事）	公共關係企劃（士官）	

美國陸軍的旅級戰鬥部隊有 3 種，分別為裝甲旅級戰鬥部隊（ABCT）、步兵旅級戰鬥部隊（IBCT）、史崔克旅級戰鬥部隊（SBCT）。　　出處：FM3-96 *Brigade Combat Team*，2015 版

159

5-2

下達決心的理論
軍事決策程序屬於問題解決法

獲頒1978年度諾貝爾經濟學獎的**赫伯特·A. 西蒙（Herbert A. Simon，漢名司馬賀）**參考軍隊的「狀況判斷」與「情報活動」等，建構出一套**決策理論**，而軍隊也積極採用西蒙理論的研究成果。**軍事決策程序**不單能適用於軍隊的狀況判斷，也能廣泛應用於一般社會。

日本社會普遍對軍事相關事物過敏，對於任何扯上「軍事」兩字的事情多半敬而遠之，但歐美國家卻會積極把透過軍隊累積的各種知識應用於管理理論與企業經營等，廣為社會接受。美國陸軍的「軍事決策程序」（The Military Decision-making Process）等就是最佳範例。

雖然決策被認為是一種屬於內隱知識的「術（Art）」，但**西蒙卻認為決策可透過適當思考訓練加以改善，也就是可以程序化**。他斷言「軍隊的狀況判斷（Estimate of the Situation）──分析軍事性決策問題之際，應考量事項的檢查表──就是該種處理手段的範例」。

美國陸軍的軍事決策程序（**右圖**）將受領任務（Mission）至研擬作戰計畫、命令的過程具體化分為7個步驟。**這套程序不僅是思考順序，也會要求具體實行。**

軍事決策程序將決策過程程序化，只要接受教育訓練，任誰都能參加。也就是說，這是將以往被稱為「術」的決策昇華為科學，可作為一般問題的解決手法加以利用。

第 5 章　指揮官的決心～作戰之術

▶軍事決策程序與情報評估、風險評估之關係

軍事決策程序
The Military Decision-making Process

風險評估（影響任務達成的各種風險）

情報評估（敵軍可以做到哪些事）

步驟1　受領任務
- 上級司令部頒布計畫、命令、新任務
- 決定時間分配（指揮官、參謀三分之一、麾下部隊三分之二）
- 指揮官原本的方針

步驟2　分析任務
- 理解狀況、問題，確定作戰目的（何者、何時、何地、為何）
- 辨明情報需求，發出計畫研擬方針及準備命令

步驟3　研擬行動方案
- 列舉複數行動方案，此時指揮官最好能夠直接參與
- 實施各行動方案的簡報。包含最新情報評估、敵方可能行動等

步驟4　分析行動方案
- 由副旅長（XO）主持，情報參謀扮演敵指揮官，作戰參謀扮演機動部隊指揮官，實施兵棋推演（桌上演習、模擬演習、指揮所演習）

步驟5　比較行動方案
- 列出各行動方案的長處、短處，設定比較因素（簡明、機動、火力、民事等）的矩陣
- 由副旅長（XO）選定上呈給指揮官的最佳行動方案

步驟6　核准行動方案
- 指揮官依據判斷，核准為達成任務的最佳行動方案。依據狀況，會將呈案進行局部修正，或是退件重來
- 更新指揮官企圖，確定情報需求（CCIR、EEFI）

步驟7　頒布計畫、命令
- 各參謀依據指揮官決心的行動方案、企圖、情報需求，研擬計畫、命令

應用1　解決您的問題

對我們個人來說，身為組織的一員，常會碰到各種必須解決的問題。若能把這套決策程序當作解決問題的工具、手法加以應用，應該可以得到一些啟發，請各位務必要試試看。

5-3

軍事決策程序

步驟 1　受領任務

設定時間軸

以下就讓我們以**美國陸軍旅級戰鬥部隊的旅部（Headquarters）**為例，依序講解軍事決策程序。

步驟 1 為受領任務。任務（Mission）一般會由師部以作戰計畫或作戰命令的形式下達給旅，有時旅長也會自行預判新賦予的任務。從受領任務的瞬間開始，旅部的軍事決策程序便會開始運作。

步驟 1 的目的在於決定整個軍事決策程序該如何進行，其中最重要的事情就是**設定時間軸**。

美國陸軍有**三分之一法則、三分之二法則**的嚴格規定；為了讓麾下部隊有充足準備的時間，分配給旅部的運用時間為距離攻擊發起時刻的三分之一，剩下的三分之二則分配給麾下步兵營與直屬連級單位。

若距離攻擊發起時刻還有 72 小時，旅部能運用的時間就是 24 小時（72÷3），剩下的 48 小時則是營級以下的時間。也就是說，**旅部必須要在 24 小時內完成軍事決策程序才行**（參閱 5-16）。

雖然旅長是軍事決策程序最重要的參與者，但這套程序卻是由輔佐旅長的副旅長（XO）進行整體管制，主要由旅部所有參謀（Staff）進行。當然，參謀活動仍會依照旅長的指導方針（Guidance）與時間軸（Time Line）來進行。

第 5 章　指揮官的決心～作戰之術

▶三面等價原則

權限
(Authority)

責任
(Responsibility)

任務
(Mission)

報告、說明的義務
(Accountability)

旅長對於 SBCT（史崔克旅級戰鬥部隊）及 SBCT 的所有行動，負有全部責任以及報告、說明的義務。這包括有效運用所有可用資源、為達成賦予任務的計畫、組織、協調，以及管制麾下所有部隊的權限（三面等價原則）

出處：FM3-90.6 *Brigade Combat Team*

應用2　您的「待解決問題」為何？

待解決的問題有時會以任務賦予的形式出現，有時則是自行設定。除此之外，可能還會出現無關自己意見，無論如何都必須直接面對的問題。

163

5-4

軍事決策程序

步驟 2　　分析任務

分析任務，確立作戰目標

　　任務通常都沒有具體實行要領，而是會以 Mission Order（任務式命令）的形式賦予。接到的任務不會寫明實施細節，具體作法完全交由旅長處理。有鑑於此，旅長接到任務後，就必須對其進行詳細分析，並自行決定具體作戰目標才行。步驟 2 做的就是這件事情。

　　分析任務時，要針對師的作戰計畫、作戰命令、師長企圖、作戰構想等進行分析，明訂必須達成的目標（**必成目標**）以及希望達成的目標（**預期目標**），藉此訂出任務達成範圍的下限與上限。

　　分析任務是軍事決策程序中**最重要的步驟**。

　　這是因為旅長、參謀會透過這個步驟理解當面狀況及問題，確定旅（Who）、應達成的事項（What）、於何時（When）、何地（Where）實行，以及最重要的作戰目標（Why）這 5 個 W 的項目。而這也會成為最初始的（正式決定之前）旅長企圖以及作戰計畫訂立方針。

　　在步驟 2 會釐清 5 個 W，然後將旅長企圖與計畫研擬方針以**準備命令**的形式具體化，發給旅部各參謀與麾下所有部隊。

　　此階段會基於三分之一法則在旅部內運作，同時也可以透過發出準備命令的方式，讓麾下部隊也能同時預做準備。

　　在此同時，旅部各參謀也會釐清情報、風險等各種評估的方向，執行具有焦點的參謀活動。

第 5 章 指揮官的決心～作戰之術

▶步驟 2（分析任務）的定位

範例的前提（主旨）

A的同盟國B，與鄰國C在邊境附近發生武力衝突。A為了應處同盟國B的危機，決定對B派遣1個軍。

C在邊境附近集結大量裝甲部隊。Y國際機場（距離邊境約200km）則有敵對游擊隊活動，使機場功能大幅降低。

Z地區為B國的戰略要地。

↓

步驟 1（受領任務）

第1史崔克旅級戰鬥部隊成為先遣部隊，迅速向B國出發，以利師主力進入Z地區（D-day）。

↓

步驟 2（分析任務）

第1史崔克旅級戰鬥部隊（Who）於D-day 3小時內（When）占領（What）Y國際機場（Where），讓師主力易於進入Z地區（Why／Purpose）。

↓

步驟 3以降則要決定具體要領（How）。

應用 3 將您的企圖以「5W」表現

你（Who）為了解決該問題（Why），須在何時（When）、何地（Where）做何事（What）？

165

5-5

軍事決策程序

步驟 3 其之① 研擬行動方案

列舉數款各具特色的行動方案

　　本步驟要具體思考該如何達成透過前一步驟確定的作戰目標（**How**），**提出多個可行的行動方案**（**COA：Course Of Action**）。

　　行動方案是為了解決已知問題的具體方法，提出的各種行動方案必須具備以下要件。

- 可以達成任務
- 取得經濟效益平衡
- 適用於指揮官企圖與計畫研擬方針
- 具有能與其他方案區別的特色
- 完全適用於整套作戰

　　軍事決策程序是由主指揮所／旅部的**計畫科**（**Plans Cell**）負責。由計畫參謀（Plans Officer）領導的計畫科，是負責研擬計畫、實施分析的單位，基本上會在旅部所有單位支援下進行作業。

　　雖然計畫科底下配屬許多菁英軍官，但其經驗、知識、判斷力等仍有其極限。有鑑於此，在列舉行動方案的階段，便會鼓勵進行**腦力激盪**（**Brainstorming**）──不受既有概念束縛，任意高談闊論，進而催生獨創想法的討論方法。

　　在研擬行動方案的階段，會進行**相對戰鬥力評估**（於 5-6 說明）。戰鬥力在第 3 章（參閱 3-1 ～ 3-3）已經提過，正確認識敵我相對戰鬥力，對於在戰鬥中取勝而言是基本中的基本。

第 5 章　指揮官的決心～作戰之術

▶我方行動方案範例

COA-1	D－2日　發起攻擊，占領整座Y國際機場（常規攻擊）
COA-2	D－1日夜　發起攻擊，占領整座Y國際機場（夜間攻擊）
COA-3	D日H時　發起攻擊，占領Y國際機場的主跑道（強襲）

「D日」是師主力抵達日，「D-2日」是師主力抵達日前2天，「D-1日」為師主力抵達日前1天

史崔克旅級戰鬥部隊能藉由空中運輸迅速展開　　　　　　　　　　　　　　圖：美國陸軍

應用 4　列舉多個解決方案（How）

提出解決方案時，不要自己一個人鑽牛角尖，而是要參考多數意見。腦力激盪是種有效的方法。

167

5-6

軍事決策程序

步驟 3 其之② 相對戰鬥力

相對戰鬥力須比較各種有形、無形要素

　　相對戰鬥力是比較簡單的說法，但它具體而言是要與何者、何種層級進行比較？

　　首先是**低 2 階的機動部隊（Maneuver Units）數量**——軍級就是旅級戰鬥部隊、師級就是步兵營及聯兵營——先比較同一階層的敵戰鬥部隊數量。

　　接著，要針對**敵我弱點**進行比較。例如若戰車為我 1 對敵 3、砲兵為我 2 對敵 1，那麼敵方弱點就是砲兵，我方弱點則是戰車。如此一來，克服我方弱點、針對敵方弱點的方案——採取封殺敵戰車行動，利於我軍發揚砲兵火力的作戰方法——就會浮現。

　　美國陸軍在選擇攻擊、防禦等戰術行動時，會以像右圖這樣的**戰史資料**作為參考。舊日軍採用的是「若與敵遭遇則先制攻擊」，講求「攻擊第一主義」，但美軍卻無這種教條，他們會以積累科學性勝利條件的方式採取行動。

　　攻擊準備周全的敵軍防禦陣地時，整支攻擊部隊一般會準備 **3 倍於敵的戰鬥力**。此時若師採用的攻擊機動方式是「突破」，那麼在狹窄的突破正面就會將相對戰力提高至 **9 倍於敵**（參閱 4-5）。

　　準則中嚴格禁止「僅憑有幾支部隊這樣的係數評估研擬行動方案」，因為戰鬥力並不只是**有形的要素**，必須連同**無形的要素**——士氣（Morale）及訓練程度（Levels of Training）——進行**綜合評估**。

第 5 章　指揮官的決心～作戰之術

▶戰史上的攻擊、防禦最小戰鬥力比

我軍任務	樣　　態	我	:	敵
遲滯行動 Delay		1	:	6
防　禦 Defend	準備周全的陣地防禦 Prepared or fortified	1	:	3
防　禦 Defend	應急防禦 Hasty	1	:	2.5
攻　擊 Attack	（敵） 準備周全的陣地防禦	3	:	1
攻　擊 Attack	（敵） 應急防禦	2.5	:	1
逆　襲 Counter attack	針對敵軍側面 Flank	1	:	1

有道是「攻方 3 倍原則」，依據戰史資料，這項原則堪稱有憑有據。雖然這頂多只是概略參考，但至少是有效的科學根據。極端的教條主義則完全無視這種資料
出處：FM6-0 *Commander and Staff Organization and Operations*

應用 5　您的致勝關鍵為何？

找出相對弱項、強項，然後徹底構思能夠克服弱項、助長強項的「致勝關鍵」。

5-7

軍事決策程序

步驟 4　分析行動方案
分紅、藍兩陣營實施兵棋推演

　　步驟 4 是要**分析**前一步驟列舉出的多個**行動方案**，透過分析，可釐清各行動方案的特性、長處、短處、問題點、應處置的事項等。本步驟的目的，是取得研擬作戰計畫、作戰命令的重要資料。

　　至於具體手法，則是實施**兵棋推演**。目前由於電腦與 IT（資訊科技）的進步，可透過相關設備進行更為擬真的電腦模擬兵推。

　　兵棋推演是將我軍行動方案與敵軍可能行動（Enemy COA）交相組合的模擬戰鬥。各參謀會分別扮演敵軍（紅）與我軍（藍），敵軍可能行動是指敵軍因應我軍行動而採取的應對行動。關於最有可能出現的行動，以及敵一旦採用便會對我軍行動方案造成最大危險的行動等，情報科會依據情報評估提出相關方案。

　　兵棋推演的重點有二。

　　其一為**率領紅軍（敵營）的情報參謀（S2）必須徹底變成紅軍部隊**，他們必須擺脫藍軍的思考方式，徹底按照紅軍準則、戰術、戰法進行運用。雖然這講起來很簡單，但實際做起來卻不容易，不過也只有這樣做才能進行正確分析。

　　其二為除了作戰參謀與情報參謀之外，**通訊、公關、民事、法務、作戰研究（OR）的負責人也都得要參加**。有特業參謀參加，分析內容便能拓寬、加深。一般來講，兵推都是定性分析，但若有 ORSA（Operations Research／Systems Analysis）參謀參加，就能加入定量分析。

M1A1 戰車　　　　　　　　　　　　　　　　　　　　　圖：美國陸軍

表1　敵軍可能行動範例

E/COA-1	以裝甲部隊進行地面入侵
E/COA-2	空襲、飛彈攻擊等
E/COA-3	不做軍事介入

表2　我軍行動方案與敵軍可能行動

		敵軍可能行動		
		E/COA-1	E/COA-2	E/COA-3
我軍行動方案	COA-1	「以裝甲部隊進行地面入侵」×「D−2日發起攻擊。占領整座Y國際機場」		
	COA-2			
	COA-3			

兵棋推演會將我軍行動方案（COA）與敵軍可能行動（E／COA）交相組合，分別進行

應用6　詳細分析各款解決方案

考量待解決的問題會遭遇何種障礙──最有可能、最棘手的問題等──對此進行具體分析。

5-8

軍事決策程序

步驟 5　比較行動方案
選出呈報指揮官的最佳行動方案

　　步驟 5 要比較各行動方案（COA）的優劣、長處、短處，由**副旅長選出呈報給指揮官的最佳行動方案**。執行至此的參謀作業，會將結論化為最佳行動方案──僅是領導參謀團隊的副旅長認定的最佳判斷──並且呈報給旅長。

　　軍事決策程序主要是由副旅長以下參謀實施的參謀活動，除了指揮官的決心（術）之外，大部份都能程序化（科學），並無恣意──個人偏好或思想等──介入的餘地。這套程序的目的在於能夠客觀、理論地執行決策。

　　由於比較各行動方案（COA）會顯得較為主觀，為了以客觀、理論的方式進行，會使用**決策矩陣（Decision Matrix）**。決策矩陣會**選出**用以比較、評估各行動方案的**重要因素（Evaluation Criteria）**。這些要因都是出自任務分析與研擬行動方案的過程，可藉此有效評估各行動方案的效用。

　　選出最佳行動方案，是在提出、分析多項方案之後，挑出當中的最佳選項。副旅長會從重要因素當中挑出最應重視者（**Weight**），藉此比較各行動方案的優劣。

　　右圖為美國陸軍的範例，可看出相當符合追求合理性的美國陸軍風格。在這此階段講求的是**要重視哪一項因素，並將比重置於何處**，考驗的是副旅長的能力。

第 5 章　指揮官的決心～作戰之術

▶決策矩陣範例

重要因素 (Criteria)	比　重 (Weight)	COA-1	COA-2	COA-3
簡　明	2	2 4	1 2	1 2
機　動	1	1 1	1 1	1 1
火　力	1	1 1	1 1	1 1
奇　襲	2	1 2	2 4	2 4
環境保全	2	1 2	1 2	2 4
戰力維持	1	2 2	1 1	1 1
綜合得分 包含比重的 綜合得分		8 12	7 11	8 13

此表只是其中一種範例，但也能藉此理解重視不同因素會使結論產生變化。這些行動方案都是可行方案，製作此表的目的是要呈現選擇行動方案時重視的是何種因素，強調的是哪些重要性

應用 7　挑出一個解決方案

為了從中選出一個方案，選擇重視何物、將比重置於何處便是決定關鍵。若為個人，選擇結果就是解決方式；若是組織，便要將結果呈報給上司。

5-9

軍事決策程序

步驟 6　核准行動方案
指揮官憑其全部人格特質下達決心

　　副旅長會挑出最佳方案向旅長呈報，若旅長認同此案，這就會成為旅的行動方案（旅長企圖）。就這層意義來看，**步驟 6 就是決定該旅後續走向的關鍵節點**。

　　在此要釐清的是，步驟 6 ──核准副旅長報告案的會議等──並非徒具形式。**報告案並不一定會獲得核准，可能需要局部修正，甚至整個退回重做**。

　　旅長與副旅長是一體關係，兩者的認知理應沒有離齬。即便如此，旅長（上校）的經驗、知識、判斷力仍舊超越副旅長（中校），因此副旅長也是有可能無法充份參透旅長的意圖。如果出現這種情況，就會需要進行局部修正等。

　　這套程序的特色之一，就是不先做出結論，而是明確提出有可能會像這樣進行變更，此即為決策理論（問題解決法）的智慧所在。

　　指揮官會憑其全部人格特質下達決心，這是因為指揮官的決心會決定作戰的成敗與否，且關乎士兵的生死大事……。

> 「指揮官最重要的義務就是下達決心，指揮官必須明確決心說出「Yes」或「No」。參謀雖然會向指揮官提供情報，但參謀不論何事都不得自行做出決斷」
>
> ──（J. F. C. 富勒）

第 5 章　指揮官的決心～作戰之術

▶旅長的企圖範例

一切都要從指揮官
下達決心開始

旅的行動方案
第1史崔克旅級戰鬥部隊於D-2日發起攻擊，占領Y國際機場。D日則於3小時內讓師主力得以輕易進入Z地區。

圖：陸上自衛隊

應用8　將確定的解決方案化為「5W1H」
若為組織，要按上司的指導進行局部修正，或是全部重做。

5-10

軍事決策程序

步驟 7　頒布計畫、命令

頒布計畫、命令，下達所屬部隊

　　在決定行動方案的階段（步驟 6），要將旅的任務、旅長企圖、新情報需求、作戰構想、作戰地區、麾下部隊的主要任務、作戰規定以外的準備事項、作戰的最終時間軸等事項以**準備命令**的形式發出。

　　參謀在步驟 7 會將決定的行動方案（COA）轉換為簡潔明瞭的作戰構想，以規定的格式製作成**旅作戰計畫**或**旅命令**。

　　此計畫是以實行為前提的具體規劃案，付諸實行時會轉換為命令，令麾下部隊加以實行。命令是賦予旅長的權限，受命部隊長則揹負完全達成任務的責任（三面等價原則。參閱 **5-3**）。

　　在此請回想一下步驟 1 說明過的**三分之一法則、三分之二法則**。旅部能用的時間只有 16 小時，剩下的 32 小時則是營級以下的時間。也就是說，**旅部的軍事決策程序在此步驟已告結束**（參閱 **5-16**）。

　　負責這套程序的計畫科（Plans Cell），會製作計畫、命令、附錄、附件，完成後便繼續著手策劃下一場作戰或此作戰的下一階段計畫，當面作戰則交棒給作戰科（Current Operation Cell）。

　　「**不作為、有遲疑，此為指揮官之大忌**」這是句知名的警語。上司的不決斷、錯失時機的決心──想堅持完美主義的上司──勢必會為組織帶來大混亂。三分之一法則、三分之二法則的目的就是為了防止出現這種事情。

第 5 章　指揮官的決心～作戰之術

▶「沙漠風暴行動」美國第 1 軍的早期構想

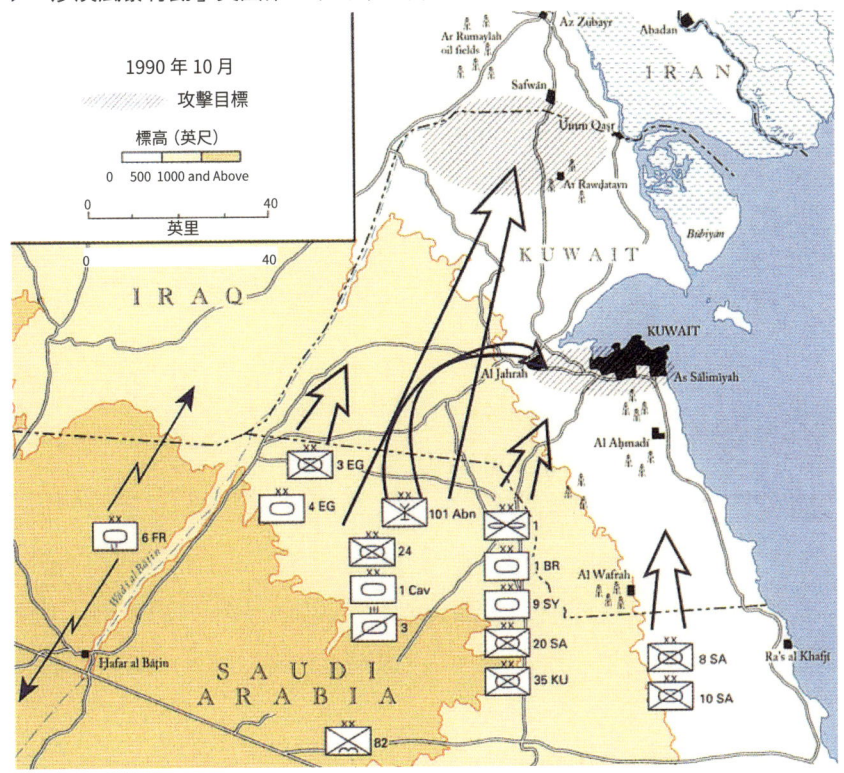

1990 年 10 月
攻擊目標
標高（英尺）
0　500　1000 and Above
0　　　　　　40
英里

簡單呈現「沙漠風暴行動」構想的作戰圖。作戰計畫與作戰命令會附上這類作戰圖，讓受命者容易理解
插圖：美國陸軍

應用 9　具體研擬實行計畫

計畫不能只是訂定，還要能夠確實執行。雖然可以依據狀況對內容進行微調，但依舊得要堅持一貫方針。

5-11

風險評估
識別風險因素並減輕風險

　　一如本章開頭所述，在軍事決策程序的所有步驟，會加入**風險評估**（**CRM**：**Composite Risk Management**：**綜合風險管理**）的結果。

　　CRM是要識別導致讓隊員死傷、裝備品受損、破壞，最後影響部隊達成任務的各種危險因素（Hazards），藉此減低風險（Risk）。

　　作戰當然會伴隨各種風險，CRM的真正目的，就是事前看出這些危險因素，若能減輕就盡量設法減輕。

　　CRM是一道網羅作戰全體防護的程序，由防護科（Protection Cell）擔綱。旅部會指派熟知風險管理的資深軍官、作戰參謀或旅士官督導長擔任防護官（Protection Officer）。

　　CRM最後會**識別各種危險因素，並區分危險層級、確立對策**（**風險管控**）。決定風險的關鍵，在於界定可容忍的風險，以及適度抓取遭遇風險後的損益平衡（**經濟效益**）。

　　軍隊會累積大量文件、自戰場獲得的教訓、知識經驗等，數位化的部隊會將這些硬體、軟體、服務整合為一體，活用於CRM（**知識管理：參閱5-15**）。

　　日本雖然是世界上最安全的國家，但對於生活在島國上的日本人來說，一般都很缺乏危機意識。可以看到很多事件其實只要事前多注重風險管控，就有可能避免悲劇。

第 5 章　指揮官的決心～作戰之術

▶準備命令附件標註的範例

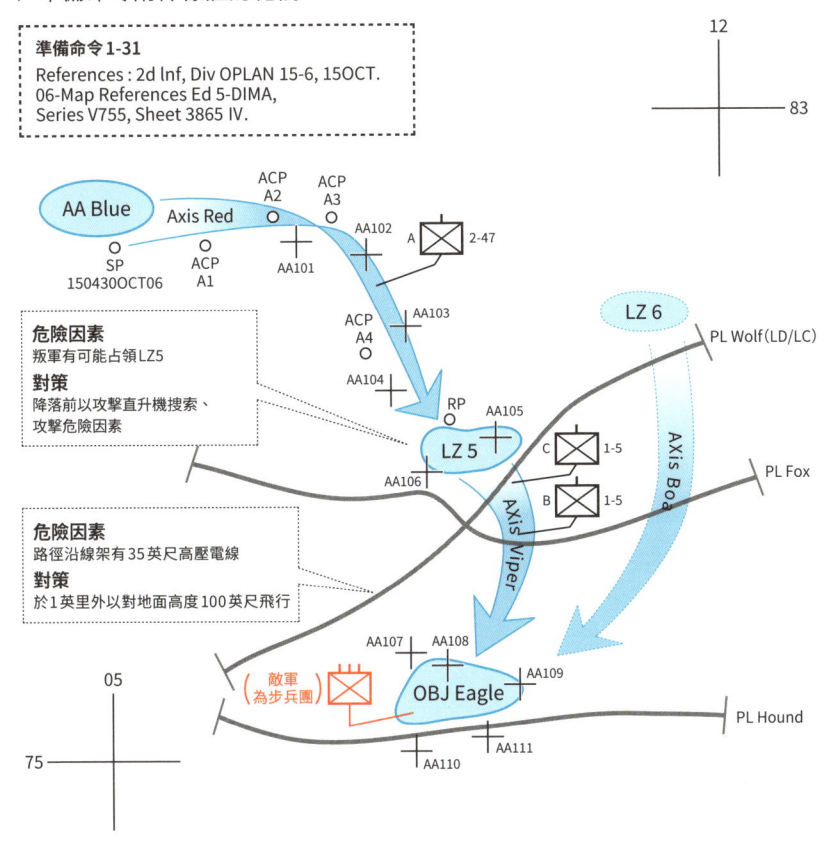

準備命令 1-31
References : 2d lnf, Div OPLAN 15-6, 15OCT.
06-Map References Ed 5-DIMA,
Series V755, Sheet 3865 IV.

圖為在狀況判斷的最初步驟發出的機降作戰準備命令附件標註範例。在本文加上風險附註，具體寫出危險因素與對策，以附件方式標註。準備命令會傳達給機降實施部隊，讓實施部隊知曉危險因素與對策，依此進行作戰準備

參考：FM5-19 *Composite Risk Management*

| 應用 10 | 解決問題有何潛在風險？ |

世上充滿各種風險，必須要能預知風險，並且做出適切應對。

179

5-12

情報評估

認識戰場環境，辨明敵軍可能採取的行動

情報評估包括針對戰場的地理環境將對敵、我部隊造成何種影響進行思考，並推測敵軍可能採取的行動、釐清其採用公算及弱點，**提供指揮官作為狀況判斷的參考**。

情報評估會在作戰前、作戰準備期間、作戰實施期間不斷持續進行，營級以上部隊會由情報參謀（S2）負責，與狀況判斷緊密相關。

情報評估（IPB：Intelligence Preparation of the Battlefield）直接翻譯的話就是「戰場情報準備」，會出現在戰場這個「舞台」上的森羅萬象皆為其對象。

情報評估的程序與狀況判斷步驟緊密相關，IPB 的結果會提供給各參，成為各參實施時的評估基礎。

IPB 除了情報參謀之外，也會由電戰參謀、工兵參謀、反情報參謀、防空參謀、戰鬥支援、戰力維持支援參謀、化學參謀等各特業參謀在其專門領域進行評估，並將結果整合融入狀況判斷。

旅部的情報科（Intelligence Cell）會統整有關敵情、地形、氣象、民事考量事項的情報活動，將之具體化為 IPB（情報評估）、ISR（情報、監視、偵察），並把確定的情報依需求提供給指揮官、部隊、部署等。

情報科與軍事情報連是同一組織，由旅情報參謀（S2）業管，軍事情報連長則負責全科活動。偵察營、軍事情報連、其他旅級戰鬥部隊麾下部隊的 ISR 全部都會匯集至情報科。

第5章 指揮官的決心～作戰之術

▶軍事情報的範疇

種　類	概　要	旅級戰鬥部隊
公開情報 Open-Source Intelligence	透過公共媒體（發表、聲明、文件、公共播放）、網站對外公開的情報。	無特別組織
人員情報 Human Intelligence	透過專門情報人員從人員、多媒體蒐集到的情報資料。以人員作為情蒐手段，直接、間接蒐集情報資料。	**戰術人員情報排：** 軍事情報連（尋問、聽聞、反情報活動等）
影像情報 Imagery Intelligence	以光學攝影機、紅外線、雷射、多光譜攝影機、雷達等手段蒐集，並轉換為影像的情報。	無人機排：監視連 斥候排：偵察連
訊號情報 Signal Intelligence	透過監聽通訊（COMINT）、電磁頻譜（ELINT）、外國等機器發出的訊號（FISINT）所獲得的情報。	地面感測器小隊： 監視中隊（PROPHET先知系統，以地面感測器進行地面監視、電子偵察等）
技術情報 Technical Intelligence	為了防止遭到技術奇襲、評估外國科學力與技術力，及開發化解敵方技術優勢的對抗手段，蒐集有關威脅對象國及外國軍事裝備、物資等的情報。	無特別組織
科學情報 Measurement and Signature Intelligence	以情報蒐集的技術領域為對象，對固定或移動目標進行偵測、追蹤、識別，或說明其異性質與特徵。	NBC偵察小隊： 監視連（判別敵軍是否使用NBC武器，確認汙染地區等）
地理空間情報 Geospatial Intelligence	說明、評估地球上的物理特徵與地理學活動，並解析影像及空間情資，以進行視覺描繪（旅級部隊會將之匯集為作戰圖）。	地理空間情報科（由接受地理空間工程師支援的影像分析人員構成）

※細節於「3-8 情報 其之③」敘述。

應用 11　什麼才是您真正想要知道的情報？

只要弄清楚自己想要知道的事情，並且伸出觸角去探尋，自然便能取得必要情報資料。

METT-TC

小部隊指揮官、領隊的任務分析道具

軍事決策程序的適用對象，是有配置參謀的營級以上部隊。至於沒有參謀的**連級以下指揮官、領隊**，遵照的則是**基層部隊領導程序 TLP**（Troop Leading Procedures）。附帶一提，英文會稱連長以上為指揮官（Commander），以下的排長、班長、伍長等則稱領隊（Leader）。

至於指揮官與領隊的差異，則在於是否隨時擁有指揮權等官方權限。排長以下的領隊，只是暫時由連長委任指揮權，藉此指揮排組等，平時則是作為連長的幕僚進行輔佐。

營級以上的部隊會在本部指參作業（參謀活動）執行軍事決策程序，連級以下部隊則會將部隊指揮與狀況判斷合而為一。

TLP 是供連級以下小規模部隊使用的問題解決法。

TLP 雖然與軍事決策程序類似，但卻不太一樣。連級以下單位的狀況判斷並非在連部等指揮所進行，而是會與移動至集結點或攻擊發起位置、派遣斥候等部隊實際動向相互連動。

連長以下會以 **METT-TC（右圖）**的 6 項要素來進行任務分析。

METT-TC 是將軍事決策程序簡化為更容易記憶的形式，囊括對於狀況判斷而言不可或缺的要素。

METT 最早是用於裝甲部隊，後來因應軍事環境變化以及任務的多樣化，加入了 TC，進化為 METT-TC。時至今日，這已是任務分析的基本工具，廣泛用於軍級以下的所有部隊。

第 5 章　指揮官的決心～作戰之術

▶ METT-TC 的 6 項要素

M Mission 任務分析	●完全理解向上2個層級指揮官的意圖 ●釐清必須達成的目標？ ●釐清期待達成的目標？	
E Enemy 敵情分析	●活用上級部隊賦予的「敵情狀況圖」 ●考量細節到下1個層級	
T Terrain & weather 氣象、地形分析	O　Observation & field of fire A　Avenues of approach K　Key terrain O　Obstacles C　Cover & concealment 氣象　能見度、風、降雨量、雲量、溼度／溫度	視野、射界 接近路徑 重要地形 障礙 掩蔽、隱蔽
T Troops & support available 友軍及可獲支援的 可能性分析	●現實、冷靜判斷自隊能力 ●考量士兵士氣、經驗、訓練程度等的強項、弱項 ●考量可提供支援的所有部隊以及今後動向 　（間接支援火力：砲兵、迫擊砲的數量、種類等）	
T Time available 設定時間軸	●嚴守三分之一法則、三分之二法則	
C Civil consideration 民事考量分析	A　Areas S　Structures C　Capabilities O　Organization P　People E　Events	重要民間地區 發電廠、醫院等設施 接受資源、服務 NGO等非軍事組織、設施 作戰地區的居民 傳統儀式、祭典

出處：FM5-0 *The Operations Process* 等

應用 12　製作自我風格的「METT-TC」

當我們面對各種問題時，只要分析 METT-TC 的各項要素，便能大致得出適當結論。

183

5-14 緊急時迅速判斷狀況

大幅仰賴指揮官的經驗與直覺

即便是準備再周全的作戰，也不一定會完全按照計畫順利進行。擁有自由意志的敵軍動向、發生出乎意料的事態、上級司令部變更任務等，都會迫使指揮官必須重新進行狀況判斷。

其實這反而才是常態，因此美國陸軍打從一開始就會把作戰實施中的狀況變化列入想定，應用於前述軍事決策程序，明確列入「**快速決策與同步程序**」。這是要繼續現行作戰，並同時重新進行狀況判斷的意思。

若要在沒有時間餘裕下被迫迅速進行狀況判斷，為了有效實施計畫、命令，**指揮官、參謀就必須先透過課程教育與部隊訓練完全掌握「軍事決策程序」**才行。

如此一來，才有辦法縮短軍事決策程序，研擬出適應狀況的計畫、命令。

軍事決策程序講求的是最佳解決方案，而「快速決策與同步程序」則是要**在指揮官的企圖、任務、構想範圍內尋求迅速且有效的解決案**。比起謹慎完成一連串程序，這更重視速度，各個步驟多半都是在內心完成。

依據狀況，指揮官會迅速在內心走完一連串程序，並迅速得出結論、立刻下達命令。「快速決策與同步程序」考驗的是指揮官理解戰況的經驗與本領，相當仰賴直觀能力。

第 5 章　指揮官的決心～作戰之術

▶快速決策與同步程序的 5 個步驟

軍事決策程序 The Military Decision-making Process			快速決策與同步程序 Rapid Decision-making and Synchronizing Process	
Step 1	受領任務		Step 1	**比較計畫與現狀的差異** 依現狀比較作戰是否有按照預定進行。
Step 2	任務分析			
Step 3	研擬行動方案		Step 2	**決心做修正** 判斷是否局部或全面修正計畫，若須全面修正，就進入下一個步驟。
Step 4	分析行動方案			
Step 5	比較行動方案		Step 3	**研擬行動方案** 研擬新計畫的行動方案。
Step 6	核准行動方案		Step 4	**核准行動方案** 精選行動方案並允以核准。
Step 7	頒布計畫、命令		Step 5	**著手實行** 下達命令後立刻著手實行。

本程序並不是什麼特異手法，在作戰實施期間一旦出現問題，就必須因應狀況對計畫進行修正、調整，這才是常識。雖說如此，太平洋戰爭時，日本不論陸軍、海軍都固著於當初研擬的作戰計畫，即使知道必須調整，卻未加以實行。例如中途島海戰、瓜達康納爾島作戰、英帕爾作戰等，可謂不勝枚舉

應用 13　毫不遲疑進行修正、調整

無法按照預定計畫進行可說是常態，遭遇新狀況時，必須毫不遲疑以具彈性、大膽、迅速的方式加以對應。

185

5-15

知識管理 (Knowledge Management)
將內隱知識轉換為有形知識，活用於任務遂行

美國陸軍為了**轉換為建構在以網路為核心的知識基礎上的 21 世紀型部隊**，將知識管理納入綜合戰略的一環。

這是要把軍中累積的大量文件、自戰場獲得的教訓、知識經驗等內隱知識整合為硬體、軟體、服務，將之轉換為外顯知識，讓整個陸軍到每個士兵都能加以活用，目前已經開始實行。

> KM（Knowledge Management）科目前已存在於旅部與戰區指揮部，在組織內部擔任指揮官與參謀的知識管理助手，藉由知識管理讓指揮與領導統御之術得以科學化。
> ——野戰準則 FM3-96 *Brigade Combat Team*，2016 年版

美國陸軍從 2003 年開始將知識管理引進情報評估、狀況判斷等，並配合 2012 年發行野戰準則 FM6-01-1《知識管理行動》（*Knowledge Management Operations*），於**旅級以上的指揮部設置負責知識管理的 KM 科**。

旅級以上指揮部會編列由知識管理官、附官、知識管理士、接受過正規教育的專長兵構成的知識管理科。

● 知識管理是日本首次出現的管理理論

提倡本理論的**一橋大學名譽教授野中郁次郎**將知識管理定義為「為創造知識，並最大程度發揮透過共有、移轉、活用程序產生的價值而做的程序設計，以及帶出資產整備、環境整備的視野與領導力」（野中郁

次郎、紺野登／著《知識經營のすすめ》ちくま新書)。

不論何種組織,都會累積相當大量的內隱知識,但卻幾乎沒能善加活用,這可說是一種相當大的損失。

將這種**內隱知識轉換為任誰都能學習的外顯知識,並活用於任務遂行,這就是美國陸軍在做的知識管理**。美國陸軍對於引進這種新思想、手法的態度相當積極,十分值得學習。

▶知識存在於何處

外顯知識 被記錄的事物	內隱知識 個人所知的事物
20%	80%

記錄文件、情報技術
・管制的科學(命令的格式等)
・外顯知識
・標準化的文件(準則、作戰規定等)
・自動化
・資料(武器的系統、性能等)
・人與技術的連結
・持續性事物(文明事物)

人、對話
・指揮術
・內隱知識
・特定領域的專家(作戰、戰鬥體驗等)
・團體形成流程
・革新、新開發(敵軍戰術變化等)
・人與人的交流
・共享理解(社群文化等)

出處:FM6-01-6 *Knowledge Management Operations*(2012年版)

5-16

三分之一法則
給予麾下部隊充分的準備時間

　　作戰、戰鬥是擁有自由意志者之間的衝突，為主導權的爭奪戰。為了贏得作戰、戰鬥，要先敵人一步決定自己的意志，然後將我方意志強加於敵，讓敵人陷入被動立場，這是最理想的狀態。

　　即便上級司令部研擬的計畫再怎麼完美，實際執行的仍是麾下部隊，若這些部隊準備不足，那麼作戰、戰鬥勢必就很難順利進行。當然，時間並非毫無限制，且敵情不明的戰場迷霧也一直存在。

　　軍事行動最重視時機，**在有限的時間之內，必須適時下達決心，給予麾下部隊充足時間準備，這點相當重要。**

　　比起研擬完美計畫，讓實施部隊充份準備，先敵一步採取行動應列為最優先。

　　美國陸軍有一項三分之一法則的嚴格規定。

　　軍事決策程序的指參作業，依此法則必須嚴守計畫研擬時間。上級司令部要在整體時間的三分之一之內完成計畫研擬，剩下的三分之二則留給麾下部隊運用。

　　決策應避免遲疑──適切的判斷必須抓準時機進行。在決策時，時間管理扮演很重要的角色。在戰場上賦予任務時，指揮官首先要考量的是「到開始實施還有多少時間」，並將其三分之一用於分析與決策，剩下的三分之二則讓部下用於分析與研擬計畫。

　　　　　　　　──柯林・鮑爾／著《致勝領導：鮑爾的人生體悟》

第 5 章　指揮官的決心～作戰之術

● 旅展開攻擊的範例（參閱 5-3）

　　若旅要在 3 天後的上午 6 點 30 分發起攻擊，整個旅擁有的時間就是 72 小時。**旅部要在 72 小時的三分之一，也就是 24 小時內完成指參作業。**

　　旅長要在這段時間內完成決心，將「旅攻擊命令」下達給各營長。以降的 48 小時就是營級的時間，營部又要在這三分之一的 16 小時內結束指參作業。

　　以下，連、排也同樣要基於三分之一法則嚴守時間管理。**這項法則的目的，在於讓第一線部隊、士兵能在時間允許範圍內充分具備完成確認敵情、地形等準備工作的餘裕。**

● 波斯灣戰爭也嚴守三分之一法則

　　三分之一法則已是美國陸軍的決策文化，不僅明白記載於準則，各級領隊也被要求嚴格遵守。這項法則不單只是教育訓練上的規定，在波斯灣戰爭這樣的實際戰場上也都被嚴格遵守。

　　位於沙烏地阿拉伯利雅德的美國中央軍司令部，於 1990 年 9 月下旬開始研擬「沙漠風暴行動」計畫，史瓦茲柯夫上將於 10 月 14 日在中央軍司令部對各軍長下達「對伊拉克作戰概要」。該日以降，各軍便開始為翌年 2 月 24 日的攻擊發起各自進行準備。

　　以美國中央軍為核心的多國部隊，在發動攻勢前約有 5 個月的時間，因此**中央軍司令部能用於研擬計畫的指參作業時間約為 1.5 個月，負責攻擊的各軍等則有 3.5 個月的時間可以專注準備攻勢**，確實遵循三分之一法則。

COLUMN 5

網際網路的衝擊
開啟「第 5 戰場」

> "Although it is a man-made domain, cyberspace is now as relevant a domain for DoD[1] activities as the naturally occurring domains of land, sea, air, and space."
> ──*Quadrennial Defense Review*[2]（2010 年）
>
> 「虛擬網路空間雖為人工領域，但它與自然產生的陸、海、空、太空一樣，對於美國國防部的活動而言是個重要領域」
>
> ※ 1：DoD：美國國防部
> ※ 2：Quadrennial Defense Review：美國四年期國防總檢報告

　　時至今日，我們的社會生活已經離不開網際網路。然而，這也同時讓過度依賴網際網路的脆弱性顯露無遺。在軍事的世界，虛擬網路空間儼然成為「第 5 戰場」，事實上要說早就已經進入虛擬網路戰爭也不為過。

　　能夠瞬間摧毀敵指揮機能的網路攻擊能力，以及完美防護敵網路攻擊的能力，這樣的「矛與盾」，究竟我們是否能夠同時擁有呢？

第6章
從戰史分析戰術

若想充份掌握戰術,就必須學習戰術知識、透過指揮各級部隊實踐這些知識、藉由研究戰史進一步體驗,然後進行反思。人類有留下記錄的 2,600 年歷史,也可說是一部戰爭、鬥爭的歷史。戰史是連結過去與現在的對話,同時也是映照未來的明鏡。本章要概略解說從古代到現代的各種戰史,以幫助理解戰術/作戰藝術。

6-1

阿萊西亞攻防戰
凱薩《高盧戰記》的世界

　　戰鬥的最終目的是**擊潰敵軍，粉碎其企圖**。為達此目的，指揮官會讓攻擊、防禦等戰術行動，以及對情報、後勤等戰鬥基礎進行總動員。戰術是為了在戰鬥中取勝的策略，這是將技術與科學**渾然一體**地加以發揮。

▶凱薩的羅馬軍構築的包圍網

瞭望塔
尖木釘樁
壕溝
水壕

第 6 章　從戰史分析戰術

　　西元前 52 年，高盧戰爭邁入第 7 年的夏季，於現代法國中部的**阿萊西亞發生了攻防戰**（Battle of Alesia）。羅馬軍總司令官尤利烏斯・凱薩的領導統御與精壯的羅馬軍團合而為一，展開超乎想像的戰鬥。凱薩在自著的《高盧戰記》有詳細描述作戰的細節。

　　羅馬軍約有 5 萬人，高盧軍則有 8 萬餘人據守於高度落差 150m 的孤立高地小城阿萊西亞，且預計會有大約 26 萬人前來救援，合計約 34 萬餘人。

　　為了與這兩群敵軍交戰，羅馬軍構築起內側 16km、外側 21km、兩側以防壁圍住的**阿萊西亞封鎖線**，可說是前所未見。施工大約花了一個月的時間，羅馬軍就在這座封鎖線內擺出了攻守兼備的態勢，靜待戰機。

　　羅馬軍團可以說是**全軍都是工兵**的精壯步兵，其野戰構工能力堪稱一絕，許多留存至現代的石橋、水道橋、石板道等都是他們的傑作。

　　9 月 21 日，由 25 萬步兵與 8 千騎兵組成的高盧援軍抵達羅馬軍駐紮中的夾心式封鎖線的外側。**羅馬軍以不到 5 萬的戰鬥力，與內外合計將近 7 倍的 34 萬敵軍交戰，打了 3 天就把高盧軍徹底擊潰，成為高盧戰爭的關鍵勝負。**

羅馬軍建構的陷阱、尖木釘樁、壕溝、防壁、瞭望塔等
圖：Carole Raddato

6-2

加爾達湖畔的各個擊破
拿破崙在加爾達湖畔嶄露新戰術

前面已經提過，拿破崙很重視動能公式（參閱 3-1）。拿破崙在**加爾達湖畔的戰鬥**中將動能做了最大限度的發揮，藉此擊潰優勢的奧地利軍，施展**各個擊破**這一種新戰術。

1796 年 7 月，為了對付包圍曼托瓦要塞（Mantua，守軍 1 萬 3 千人）的 3 萬名法軍，奧地利軍開始南下前往解圍。奧地利軍有來自加爾達湖西岸的 2 萬、來自東岸的 2 萬 5 千，以及來自東邊的布倫塔河谷（Brenta Valley）的 5 千人，合計 5 萬兵力。

就以往的戰術常識來看，這種態勢會讓法軍陷入夾擊，相當不利。然而，拿破崙卻認為這樣的危機反而是施展**各個擊破的好機會**。

各個擊破這種新戰法，可說是**翻天覆地、重大的觀念革新**。然而，僅僅依靠觀念的轉變是無法贏得勝利的。為了贏得勝利，背後需要有充分的準備和實力。加爾達湖畔的各個擊破，是拿破崙憑藉其**卓越的洞察力和果斷的執行力所造就的戰果，他總能於瞬息之間洞悉戰局的本質**。

戰鬥經過如右圖，法軍連番實施強行軍，甚至不惜將重要的大砲就地掩埋，藉此增快部隊的移動速度，據說就連拿破崙本人也因此而騎垮了 5 匹名駒。

1914 年發表的「蘭徹斯特法則」，強調的是「優勢兵力必勝原理」。據說拿破崙相當擅長高等數學，在蘭徹斯特理論發表的 100 多年前，**拿破崙就已經在加爾達湖畔的戰場上實際證明了「蘭徹斯特的平方率」**（參閱 3-20）。

第6章　從戰史分析戰術

▶在加爾達湖畔的各個擊破（7月31日～8月5日）

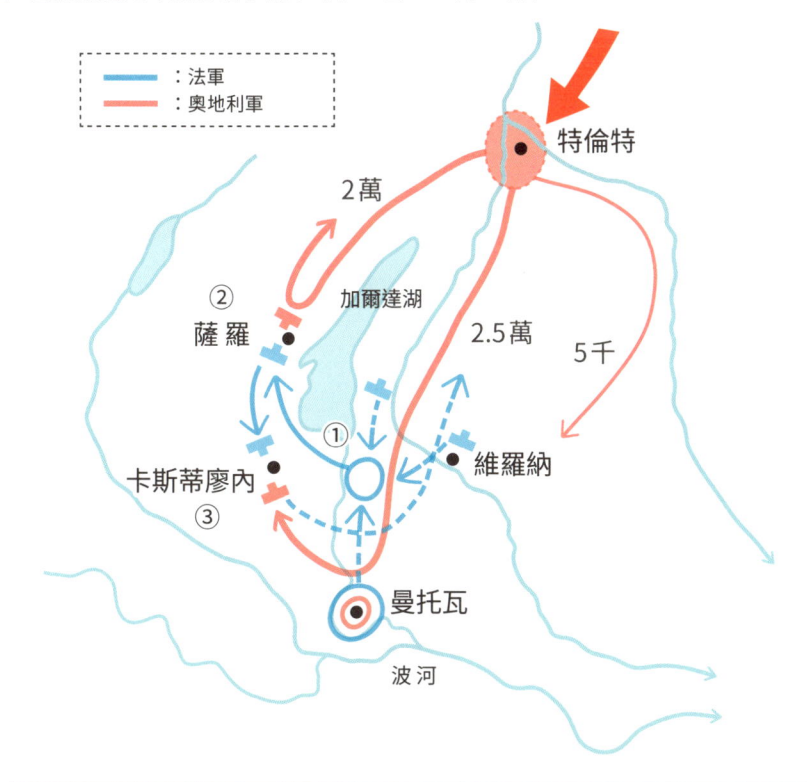

① 於曼托瓦要塞留下部份監視兵力後集結全軍	1796年7月，3萬法軍全力圍攻曼托瓦要塞。當拿破崙得知5萬奧地利軍正從提洛（Tyrol）開始南下，便留下部份監視兵力，解除曼托瓦要塞包圍，將所有部隊集結於加爾達湖南側。
② 全力趕往薩羅，擊潰加爾達湖西岸的2萬奧地利軍	若兵分三路南下的奧地利軍順利會師，法軍便必敗無疑。拿破崙看準被地理因素左右分離的奧地利軍弱點，於8月3日抵達當初目標加爾達湖西岸的薩羅（Salò），擊潰2萬奧地利軍。
③ 折回卡斯蒂廖內（Castiglione），擊潰2.5萬奧地利軍主力	於薩羅擊潰奧地利軍之後，法軍立刻反轉，於8月5日在卡斯蒂廖內殲滅從後方迫近的2.5萬奧地利軍主力。急行軍→攻擊、再度急行軍→攻擊，這種前所未聞的戰法，是拿破崙於此役展現的新戰術。

6-3

拿破崙軍遠征莫斯科
從米納德圖來看拿破崙軍的損耗狀況

　　圖為查爾斯・約瑟夫・米納德（Charles Joseph Minard）製作的「1812～1813年俄羅斯戰役地圖」，法文原版時至今日仍被譽為「史上首屈一指的統計圖表」、「資訊圖表的經典名作」。

▶ 1812～1813 年俄羅斯戰役地圖（翻譯版）

俄羅斯戰役／1812～1813年
法軍士兵持續損耗的表徵地圖
（退役橋梁暨道路監察官 查爾斯・約瑟夫・米納德製作，
1869年11月20日）

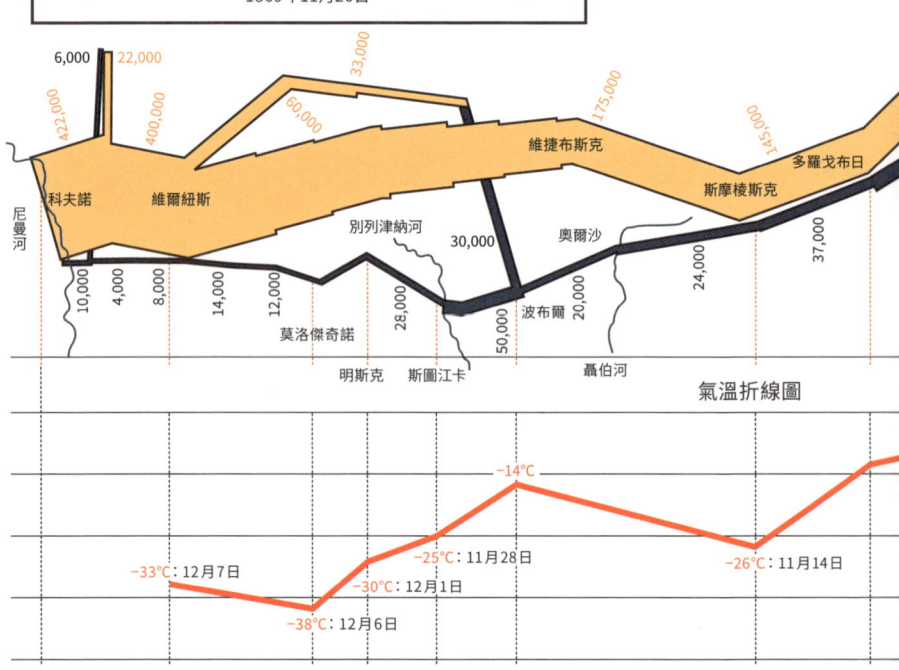

6,000　22,000
422,000　400,000　33,000
60,000　175,000
145,000
維捷布斯克
多羅戈布日
科夫諾　維爾紐斯　斯摩棱斯克
尼曼河
別列津納河　奧爾沙
30,000　37,000
10,000　4,000　8,000　14,000　12,000　28,000　50,000　20,000　24,000
莫洛傑奇諾　波布爾
明斯克　斯圖江卡　聶伯河
氣溫折線圖

−14℃
−25℃：11月28日
−26℃：11月14日
−33℃：12月7日　−30℃：12月1日
−38℃：12月6日

第 6 章 從戰史分析戰術

法軍工兵軍官米納德退伍後致力將資料視覺化，把資料與地圖結合成圖表後出版。其中最具代表性的就是「1812～1813 年俄羅斯戰役地圖」，清楚呈現出地理空間情報（參閱 3-8）。

米納德將拿破崙的莫斯科遠征視覺化，把士兵人數、渡河位置、行軍路徑、氣溫等複雜資料合為一體，呈現遠征軍隨時間經過的耗損狀況，於 1869 年化作一張圖表。

之所以會特別介紹米納德圖，是因為此圖所能呈現的資訊勝過千言萬語，能以視覺方式輕易理解拿破崙軍的莫斯科遠征。

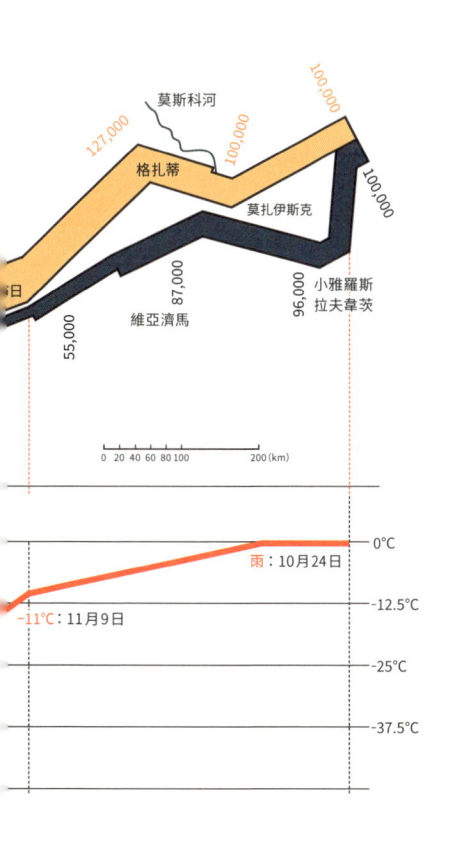

1812 年 6 月 24 日，42 萬 2,000 名拿破崙軍渡過尼曼河（Neman），開始入侵俄國。9 月 14 日進入莫斯科時，法軍已減少四分之一，耗損了 10 萬人。

隨著俄國的冬將軍來臨，拿破崙軍於 10 月 19 日帶著 530 門大砲、4 萬輛車、馬車開始從莫斯科撤退。1 個月後的 11 月 29 日凌晨，得以渡過別列津納河（Berezina River）抵達對岸的士兵僅剩 2 萬 8,000 人。

12 月 8 日，8,000 名士兵抵達 −33°C 的維爾紐斯（Vilnius）。透過米納德圖呈現出的拿破崙軍損耗，實在是相當冷酷嚴峻。

6-4

南北戰爭（Civil War）
職業軍人指導下的現代戰爭

　　北軍兵工廠在 4 年內生產了 400 萬挺輕兵器（滑膛槍、線膛槍、卡賓槍、連發卡賓槍、科特手槍、雷明頓手槍等）、超過 10 億個輕兵器用底火，為前線士兵提供補給。

　　北軍的軍事鐵路團（U.S. Military Railroad）於 1 年之內製造了 365 輛機車頭、4,203 輛貨車。透過鐵路的補給量超過 500 萬噸，鐵路建設隊為了確保鐵路運輸，在戰場上的多條河川迅速架設大量鐵橋。

　　光看這些零星數字，會覺得這好像是在講現代戰爭，但其實**南北戰爭**（1861～1865 年）相當於日本的幕末時期，與井伊直弼大老遭到暗殺、坂本龍馬四處奔走、新撰組在京都維持治安是同一個時代。

　　南北戰爭兩軍有合計超過 320 萬名士兵在東西 1,600km、南北 1,300km 的遼闊地區作戰長達 4 年期間，爆發 160 多起戰鬥。戰爭陣亡 20 萬人、戰傷 50 萬人，合計 70 萬人，數字相當驚人。

　　位於紐約州的西點**陸軍軍官學校**開設於 1802 年，南北戰爭從總司令到第一線的排長**都畢業於西點軍校，由他們從事戰爭指導、作戰計畫、戰鬥指揮**。

　　當時最新的軍事理論也實際應用於戰場上，拿破崙的參謀**約米尼**著作之**《戰爭藝術》**於 1862 年推出英文翻譯本。據說南北兩軍的軍官都在塹壕裡研究約米尼的戰術著作，並將之應用於實戰。

第 6 章　從戰史分析戰術

▶用於南北戰爭的輕兵器

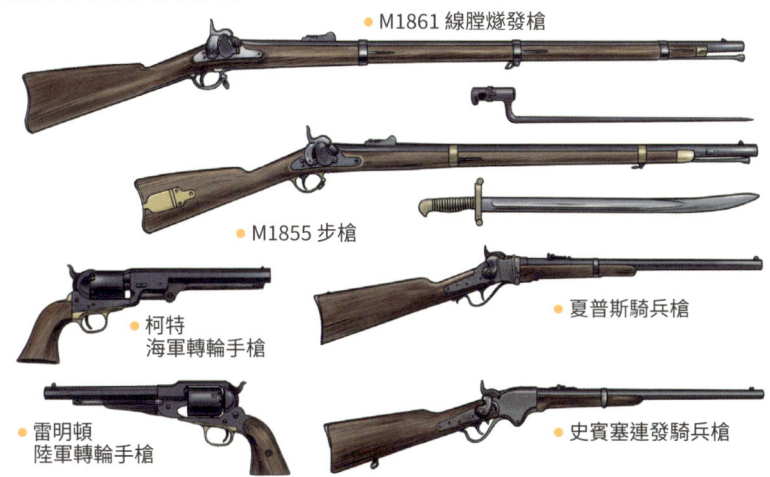

- M1861 線膛燧發槍
- M1855 步槍
- 柯特海軍轉輪手槍
- 夏普斯騎兵槍
- 雷明頓陸軍轉輪手槍
- 史賓塞連發騎兵槍

參考：William H.Price, *THE CIVIL WAR HANDBOOK*

南北戰爭當時的主力野砲是 12 磅拿破崙砲。這兩張照片都拍攝於彼得斯堡（維吉尼亞州）的古戰場公園

搭載於鐵路貨車上的 13 吋自走攻城迫擊砲，可將 200 磅的炸裂彈射至 2 英里之外的南軍陣地

199

6-5

黑船來航

阻止外國艦船入侵江戶灣

　　嘉永六（1853）年 6 月 3 日，由馬修・培理准將（Matthew Calbraith Perry）率領的 4 艘黑船航向日本，停泊於江戶灣入口處的觀音崎、浦賀 2km 近海。培理帶著美國總統的國書，要求日本開放門戶。

　　幕府於**觀音崎～富津之間設下 8km 的外國艦船阻絕線**，於兩岸構築砲台。培理的海圖將觀音崎記載為「盧比孔岬」（Point Rubicon），看來培理是將自己視作古羅馬的凱薩，正準備渡過盧比孔河。

　　當時的大砲是參考荷蘭兵書仿製的青銅材質前裝滑膛砲，有效射程約莫 1,000m，發射的是球形砲彈，根本無力阻止培理艦隊。

　　培理來航後，幕府開始**建設保衛江戶的最後要塞品川台場（砲台）**。台場的建設由江川太郎左衛門負責設計、施工、監督，於安政元（1854）年趕工完成 5 座台場。培理艦隊 4 艘備砲合計 63 門，都是前裝滑膛砲，有效射程 1,500～2,000m 左右。不論是觀音崎與富津的砲台，或是品川的台場，都只是作作樣子，根本不具嚇阻能力，這就是當時日本的實力。

　　從明治邁入大正時代後，軍部當局為了保衛首都東京，於東京灣口**建設稱為「海堡」的海上要塞**。海堡是設有砲台的人工島，從富津岬到橫須賀市共建有 3 座。

　　海堡的目的是為了阻止俄羅斯艦隊入侵東京灣，但卻不曾用於實戰。其中第 3 海堡在完工 2 年後便因關東大地震全毀，幾乎所有構造物都沉入海底。

第 6 章　從戰史分析戰術

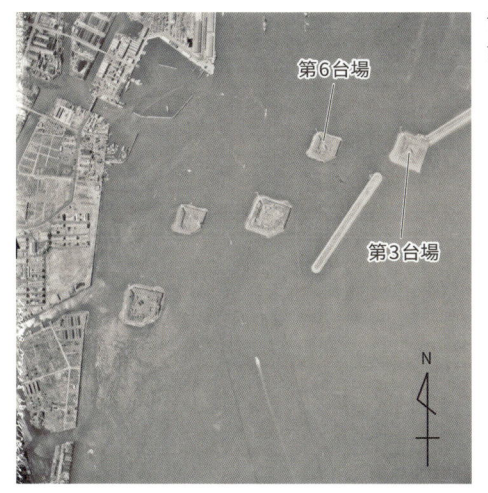

1947 年 8 月由美軍拍攝的台場附近。目前僅存第 3 台場與第 6 台場
圖：國土地理院

第 6 台場
第 3 台場

從彩虹橋拍攝的現存第 6 台場

第 3 海堡復原圖。配備 4 門 150mm 加農砲、8 門 100mm 加農砲、探照燈等。此海堡沉入海底後變成暗礁，由於會阻礙航道，目前已經完全清除。

出處：關東地方整備局東京灣口航路事務所官網
（http://www.pa.ktr.mlit.go.jp/wankou/history/index6.htm）

201

6-6

鳥羽、伏見戰役

幕府並沒有培養武官的學校

　　鳥羽、伏見戰役於慶應四（1868）年1月3～6日展開，是場為期4天的戰鬥。薩摩、長州聯合的洋式軍於此役對上幕府的藩兵、洋式部隊混合軍，可說是**新戰術與舊戰術的衝突**。

　　幕府也擁有步兵隊、傳習隊等洋式部隊，若只比較洋式部隊，薩長陣營與幕府陣營在數值上的相對戰鬥力，其實是幕府比較占優勢。然而，幕府陣營又為什麼會在鳥羽、伏見戰役慘敗呢？

　　以結論來說，這是**因為幕府並未擁有學習近代戰術、理解近代戰爭、能夠指揮運用洋式部隊的人材**。幕府是以門閥世襲方式進用人材，不論有無軍事能力，只要是上級旗本，就會自動成為軍隊司令官。

　　戰國時代的武將由於身處隨時都會爆發戰鬥的環境，因此得以鍛鍊軍隊指揮能力，但幕府的指揮人員「旗本」卻無機會接受軍事專業教育，只是透過門閥世襲這種封建制度坐上高位罷了。

　　幕府雖然設有培養文官的學校（昌平坂學問所、昌平黌），但**在200年間卻都沒有培養武官的學校（軍官學校）**。一如南北戰爭項目（6-4）所述，當時的戰爭，已經進入由**受過正規教育的職業軍人進行指導的時代**。

　　洋式部隊的編成，代表**身份制度的瓦解**。作為討幕勢力的薩摩、長州曾在「藩」的框架內嘗試抵抗，以上情下達的方式編成洋式部隊。至於幕府則是由旗本、御家人構成的龐大組織，若非自行土崩瓦解，是沒辦法進行自我變革的。鳥羽、伏見戰役，其實在開戰之前便已分出勝負。

第 6 章　從戰史分析戰術

幕府於文久三（1863）年編成步兵隊，當時的旗本皆無洋式軍隊經驗，能從翻譯書本獲得的知識也有極限。步兵隊於慶應二（1866）年第 2 次長州戰爭的「藝州口戰役」與長州藩的洋式部隊打成平分秋色，證明其有効性
圖：下關市立歷史博物館

幕府對長州戰爭的結果有深刻反省，透過兵制改革，讓幕府直屬的旗本轉變為洋槍隊，招聘法國軍事顧問團，展開了 3 兵傳習。慶應三（1867）年 1 月 13 日，法國軍事顧問團一行抵達橫濱。翌日以太田陣屋作為 3 兵屯所，開始傳習課程，此時距離「鳥羽、伏見戰役」僅剩 1 年。前排左起第 2 人為法國顧問團的儒勒・布呂奈（Jules Brunet）。
圖：Public Domain

6-7

日本海海戰的丁字戰法

日本海海戰是藝術與科學的結晶

　　說起日本海海戰（1905年5月27日），在自歐洲遠征而來的俄羅斯海軍波羅的海艦隊面前出乎意料調轉艦隊航向的**「東鄉調頭」**最是出名，而這個東鄉調頭究竟是怎麼一回事呢？

　　東鄉調頭是由聯合艦隊參謀秋山真之提案的**丁字戰法**，在日俄兩艦隊的決戰場上，由聯合艦隊司令長官東鄉平八郎下達決心執行，是一種必死必殺戰法。

　　聯合艦隊的作戰目標，是殲滅來襲俄國艦隊。如果不能以破釜沉舟的決心全殲波羅的海艦隊，中國大陸與日本之間的後方聯絡線就會被切斷，進而動搖國家的生存，可說是一場賭上一切的艦隊決戰。

　　丁字戰法（圖）可說是日本海軍的智囊秋山真之傾其全知全能想出的方案，一旦付諸實行，**簡直就是斷筋挫骨**，完全就是如同字面敘述的**必死必殺戰法**。

　　秋山真之曾云：「**只要自己懈怠一日，日本就會遲滯一日**」；他早已預料到日俄之間必然爆發戰爭，國家託付秋山研擬海軍戰術，秋山也將規劃如何戰勝俄國艦隊的戰術、戰法當作自我課題，進而催生出丁字戰法。

　　雖說如此，即便秋山再怎麼天才、提出的方案再怎麼卓越，將之採用並付諸實行的權限與責任，依舊落在作為指揮官的聯合艦隊司令長官身上。

　　這場在戰史上特別值得一提的**殲滅戰**，可說是結合秋山參謀的科學（丁字戰法的提案及實行方法的研擬）與東鄉司令長官的藝術（敵前回頭的決心），才得以造就的精華。

第 6 章　從戰史分析戰術

▶秋山真之提出的丁字戰法示意

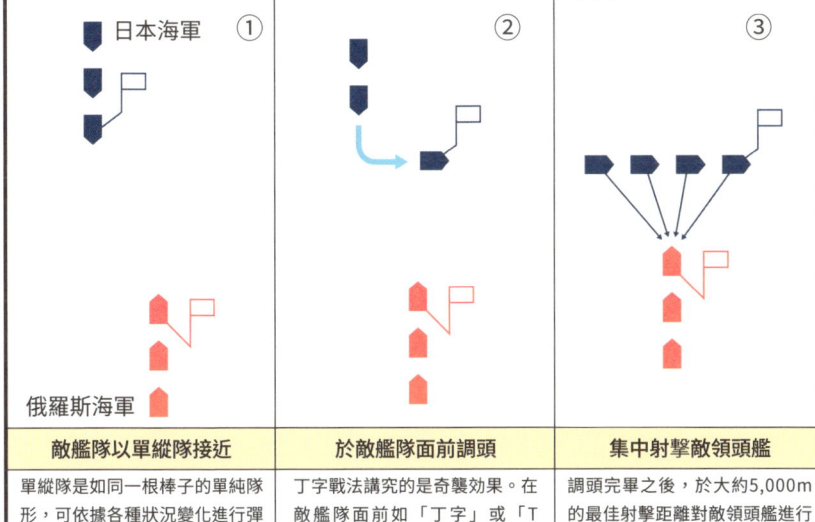

① 敵艦隊以單縱隊接近	② 於敵艦隊面前調頭	③ 集中射擊敵領頭艦
單縱隊是如同一根棒子的單純隊形，可依據各種狀況變化進行彈性應對，屬於最基本的隊形。指揮官一般會乘坐於領頭艦，直接親眼確認敵艦隊動向，毅然決然冒險臨陣執掌指揮。	丁字戰法講究的是奇襲效果。在敵艦隊面前如「丁字」或「Ｔ字」調轉航向，使艦隊從縱隊轉為橫隊，藉此發揮最大戰鬥力（主砲射擊）。然而，調頭過程卻會將弱點暴露於敵軍。	調頭完畢之後，於大約5,000m的最佳射擊距離對敵領頭艦進行集中射擊。領頭艦上有敵軍主將坐鎮，只要集火摧毀此艦，便能奪下敵軍大腦，令敵方艦隊陷入混亂。只要反覆開火，便能將敵艦各個擊破。

旗艦「三笠」艦上場景。中央為東鄉長官，左為加藤友三郎參謀長，東鄉長官右後方為秋山真之參謀

東城鉦太郎／畫、Public Domain

205

6-8

義和團事件──維護軍紀
參與義和團事件的日軍堪稱模範軍隊

> 「燒、殺、姦──此乃戰場上的三大惡行。中日戰爭初期，不可否認的確存在不少這樣的案例。然而，在此之前的戰爭與事變，日軍卻相當講究戰場上應遵守的規範，並未違法亂紀，這點可以由義和團事件留下的記錄加以佐證」
> ──伊藤桂一／著《兵隊たちの陸軍史》（新潮社，2008 年）

　　戰場上的殘虐行為──殺害棄甲投降的士兵、老百姓等──自古以來就與戰爭如影隨形，但這絕對是不被允許的事情。

　　歷史上也有像 1900 年參與**義和團事件**並獲內外讚許的日軍第 5 師團那樣，在指揮官堅決統御之下，端正部隊行動紀律的案例。

　　義和團事件時，外國使館坐困北京 55 天後，**八國聯軍**（俄、德、法、美、日、奧、義、英）攻入北京城，並展開各種掠奪暴行（燒、殺、擄、掠、姦）。在清朝末年的混亂當中，當時日軍的行動可說是一股清流。

　　義和團事件是明治維新（1868 年）後 32 年、中日甲午戰爭與三國干涉還遼（1895 年）過後 5 年，**日本軍隊首次派遣至外國的軍事行動**。

　　當時的日本為了修改幕末時期與諸外國簽訂的不平等條約，力圖提升國際地位。當日本被要求參與義和團事件時，便想利用這個機會，證明自己是文明國家。為此，國家嚴格要求軍隊恪守軍紀，而派遣的軍隊也充份回應期望。

第 6 章　從戰史分析戰術

「（攻入北京城後）八國各自劃分占領區，其中治安最為良好的是日軍占領區，再來則是美國。當地居民甚至會從其他地區往日本軍區移動。當時的日軍不僅恪守軍紀，且從困守時期開始，外國人也對芝五郎中佐的為人之道頗為讚賞」

——陳舜臣／著《中国の歴史　近‧現代篇①》

（講談社，2007 年）

參與義和團事件的八國聯軍士兵。這是日軍首次與外國軍隊執行聯合作戰。照片左起為英、美、俄、英屬印度、德、法、奧、義、日的士兵

圖：Public Domain

6-9

夢幻的「1919年戰略計畫」
攻擊敵軍司令部，癱瘓指揮系統

　　第一次世界大戰末期，為了打破膠著的西部戰線，促使戰爭邁向終結，出現了一部「1919年戰略計畫」（Plan 1919）的構想。擬定這項構想的，是**英軍裝甲軍的參謀長J・F・C・富勒中校**。然而，由於西部戰線的作戰在1918年11月便告結束，因此「1919年戰略計畫」也隨之作廢，並未付諸實行。

> 　　此案是以高速戰車編成戰車營，並且集中投入。此攻擊新法將直指敵軍各級指揮部，以席捲指揮中樞，令其瓦解四散。在此同時，也要派出各式能用的轟炸機針對補給與交通樞紐集中攻擊。這些作戰成功之後，再以傳統方式攻擊敵軍第一線，突破敵軍部隊，最後則加以追擊。
> 　　　　　　　── J. F. C. 富勒，*The Conduct of War 1789-1961*

　　「1919年戰略計畫」將取150～160km作戰正面中的80km作為攻擊正面，投入約5,000輛戰車，構想規模相當龐大。依據計畫，作為核心的**D型中戰車**（尚處於構想階段）在1919年5月之前必須備妥2,000輛。

　　「1919年戰略計畫」的本質，並非造成**物理性破壞**，而是要靠麻痺神經來切斷敵軍指揮系統，進而迫使敵人投降。

　　富勒的「攻擊敵軍指揮部以麻痺指揮系統」的理論，後來**進化成李德哈特（Sir Basil Henry Liddell Hart）的間接路線（Indirect Approach）**，對以色列國防軍與美國陸軍帶來影響，並於「今日的第5戰場」再度受到矚目。

▶所需戰車數量估計

| 前提：作戰正面150～160km，攻擊正面80km。不含裝甲運輸車。 |

部隊	作為估計數值根據的部隊	任務	車種	數量	合計
突破部隊	重戰車作為助攻部隊攻擊敵防禦陣地，主攻部隊攻擊側翼，支援包圍部隊	第1梯隊	重戰車	880輛	2,592輛
		第2梯隊		880輛	
		第3梯隊		587輛	
		預備隊		245輛	
		側翼攻擊	D型中戰車	130輛	390輛
		包圍部隊	D型中戰車	260輛	
指揮系統破壞部隊	負責破壞塹壕後方敵軍各級指揮部的部隊	4個軍團指揮部	D型中戰車	80輛	790輛
		16個軍指揮部		320輛	
		70個軍指揮部		350輛	
		2個集團軍指揮部		40輛	
追擊部隊	以各型中戰車構成的部隊	追擊	D型中戰車	820輛	1,220輛
			C型中戰車	400輛	
			戰車總計		4,992輛

出處：J・F・C・富勒「1919年戰略計畫」附錄

D型中戰車的預期性能為最大速度每小時32km、續航距離240～320km。第一次世界大戰結束時，正進入木模（原尺寸模型）階段。戰後訂購10輛，但僅完成7輛。D型中戰車雖然是失敗作品，但後來也以此為基礎發展出維克斯中戰車Mark I（Vickers Medium Tank）。

圖：Public Domain

6-10

諾門罕事件──輕視情報的體質

以己度人的愚昧

日軍補給基地海拉爾距離諾門罕 200km，蘇軍補給基地博爾賈車站、維爾卡車站距離諾門罕 750km。以服部卓四郎與辻政信為代表的關東軍作戰參謀認為這樣的**距離差絕對有利於日軍**，並依此進行狀況判斷。**這就是典型的以己度人，是日軍的最大失算。**

日軍的步兵部隊是靠徒步行軍，砲兵與輜重兵（負責後勤支援的士兵）則會利用馬匹移動至諾門罕戰場。別說是日俄戰爭了，這副光景與元龜、天正等戰國時代的合戰的狀況幾乎沒有兩樣，這就是當時日軍的實況。

至於蘇軍，他們擁有 2,600 輛汽車，用以運送 36,000 噸貨物（彈藥、汽油、糧秣、燃料），且還集中大量裝甲車、戰車等前往諾門罕戰場。

關於蘇軍現代化程度的情報，相關人員雖已呈報統帥部，但幾乎都被忽視。作戰部門的菁英參謀（陸軍大學軍刀組）**欠缺團隊合作意識，採行的是像下棋那樣，單靠一人思考，並逕自移動棋子作法。**

諾門罕事件是日軍首次體驗的現代化戰爭，在歐洲被貶為二流陸軍的蘇聯紅軍，採用重視火力、發揮裝甲機動力與空地協同的現代化戰術、戰法，遠遠超過日軍統帥部的認知。

即便世界正沉浸於第一次世界大戰後的裁軍風潮，但西歐列強仍不懈於現代化，日軍當局卻對此置之不理，根本沒有認真面對，對於現代化提升逕自視而不見。這筆輕視、無視情報的債，最後便是用第一線將士的鮮血來償還。

第 6 章　從戰史分析戰術

▶諾門罕事件中的兩岸攻擊（1939 年 6 月 25 日～7 月 3 日）

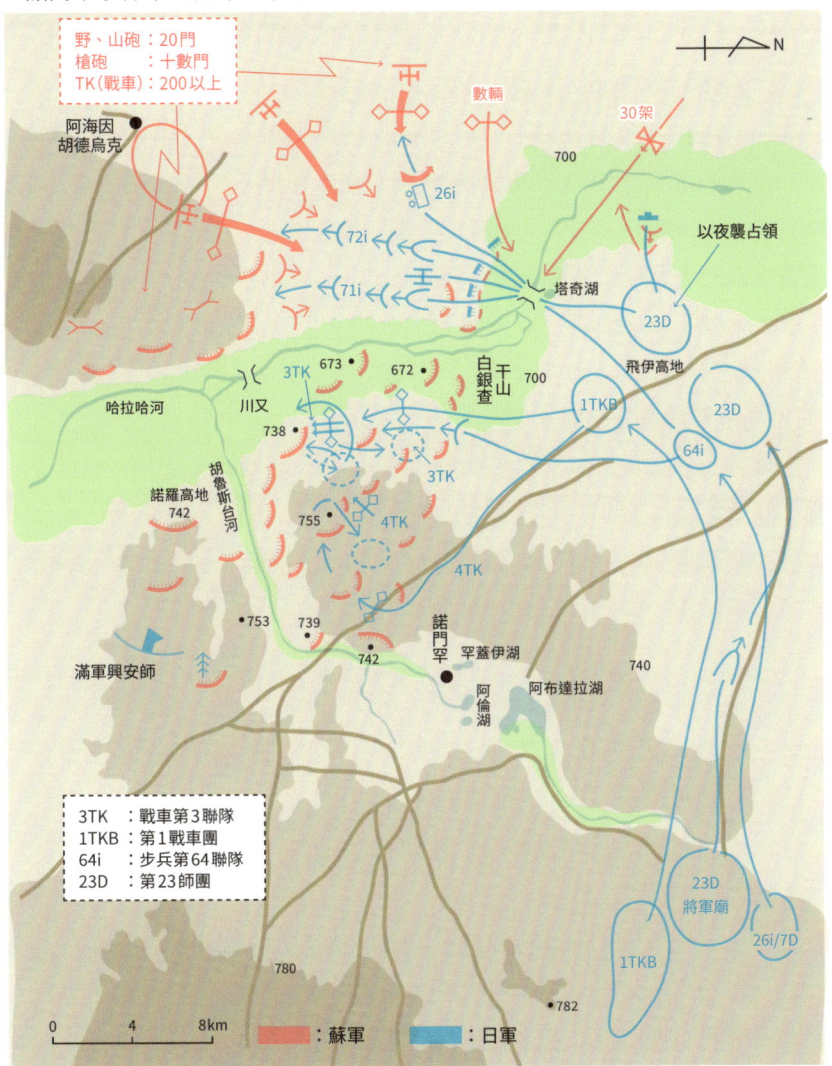

當初日軍（藍色）的第 23 師團（23D）成功渡過哈拉哈河，渡河後卻在左岸的大草原與出乎意料的敵戰車、裝甲車爆發遭遇戰，各步兵聯隊以速射砲、火焰瓶擊毀多輛戰車、裝甲車。然而，由於補給沒有跟上，且後方聯絡線也陷入危險，師團只得撤回右岸。蘇聯的戰車是設計成與戰車對戰用，但日本的戰車則是步兵支援用，因此日軍在右岸的戰車對戰中便不是蘇軍的敵手。

6-11

諾門罕事件──蘇軍的八月攻勢
日軍為疏於現代化付出鮮血代價

蘇聯紅軍於發佈《紅軍野戰準則（1936年版）》（*Provisional Field Regulations of the Red Army 1936*）三年後的1939年8月，在諾門罕戰場實際執行了「縱深作戰理論」（Deep Operation）。

8月20日，蘇軍轉為兩翼包圍大攻勢，同時針對於廣闊正面占領防禦陣地的日軍所有正面發動攻擊。日軍防禦正面寬約37km，蘇軍則展開至74km，按準則遂行殲滅戰。

蘇軍的參戰兵力包括5萬7,000人、火砲、迫擊砲542門、戰車498輛、裝甲車385輛，士兵人數是日軍的3倍，火砲、迫擊砲不論性能、彈藥量都具壓倒性優勢，戰車、裝甲車則因日軍戰力為零，根本無從比較。蘇軍花費三個月時間集中戰力，以必勝態勢發動攻勢。

> 本次事件中，軍隊有秩序地散開，並且進行偽裝，使戰場上失去射擊與突擊目標，唯有看不見之火力組織頑強阻止我軍前進。對於此等火力，既未正視現實、講求應處之道，又行暴露猛進。除此之外，據守簡陋構工，在肉搏時機到來之前，即因火力戰遭受毀滅性打擊。
>
> 吾人曾於第一次世界大戰聽聞「砲兵耕耘，步兵收割」之語，然東洋戰場卻始終視作他事，對此多有輕忽。與我對戰之敵，今已逐漸採行此種戰法，必須多加注意。
>
> ──諾門罕事件研究委員會報告書

第 6 章　從戰史分析戰術

▶蘇軍的攻勢計畫（1939 年 8 月）

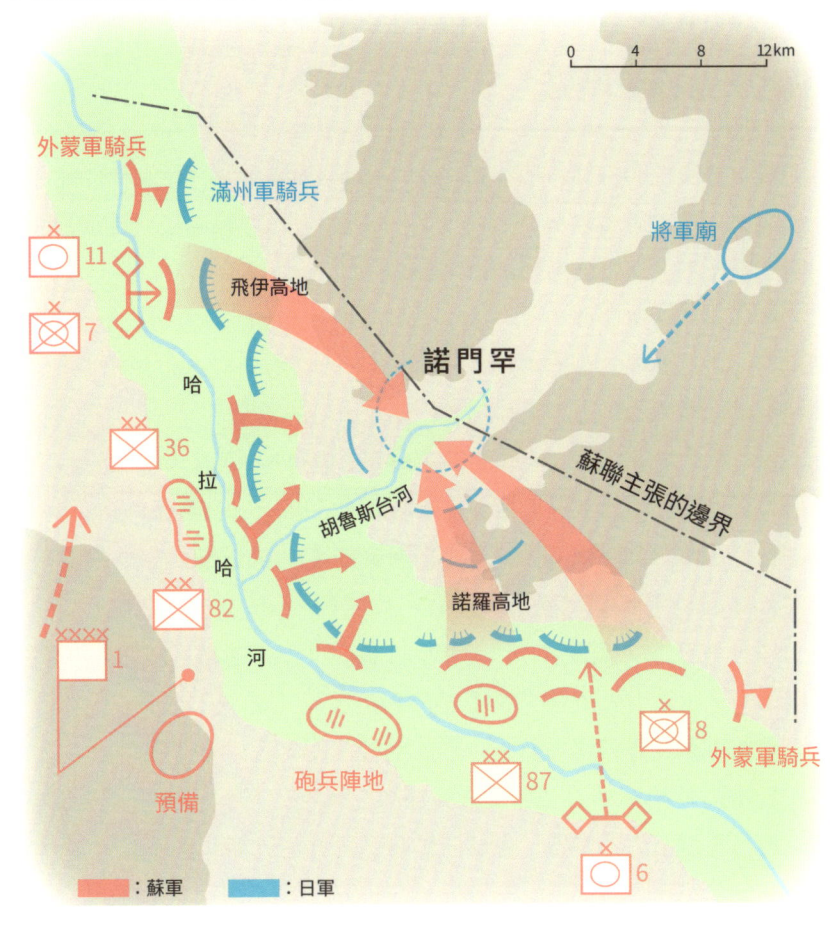

> 哈拉哈河的戰鬥經驗，在後來也透過「偉大的衛國戰爭」時期的作戰以更大規模證明其正確性。其所呈現的是戰車與飛機在現代化軍隊面前，可為作戰帶來莫大可能性。
> ──希施金 他／著、田中克彥／編譯《ノモンハンの戦い》（岩波現代文庫）

6-12

蘇奧穆斯薩爾米之役
芬蘭軍的捆束戰法

　　積雪寒冷地的特性，在於會阻礙一般部隊運動，使其行動變得鈍重。但對擁有適切訓練及裝備的部隊而言，卻能克服這種制約，反而獲得相對戰鬥力優勢，充分活用積雪寒冷地的特性。

　　拿破崙軍（1812年）與納粹德軍（1942～1943年）皆因缺乏應對積雪寒冷的措施，於俄國的冬將軍面前一敗塗地。日本也曾於1902年的八甲田山麓雪中行軍訓練時，發生部隊全滅的慘劇。

　　以「冬季戰爭」廣為人知的**蘇芬戰爭**（1939～1940年），芬蘭軍便曾最大限度活用積雪寒冷地特性，擊潰蘇軍的摩托化狙擊師（Motor Rifle Division）。當時芬蘭軍的作戰方式為**捆束戰法**（Motti Tactics），捆束（芬蘭文：Mottis）指的是將薪材綁成 $1m^3$ 的柴捆，引申為包圍之意。

　　1939年冬季，配置於中、北部的芬蘭軍，為了遲滯入侵的蘇軍摩托化狙擊師，將之引入積雪的森林、沼澤地帶。

　　蘇軍車輛縱隊被堵在路上，形成前後分離，難以發揮戰鬥力。此時事先於道路外側集結的芬蘭軍滑雪部隊（步兵），便以步兵武器四處發動奇襲，將蘇軍分斷擊潰。由於這種戰法就好似把薪柴捆束起來，因此又稱捆束戰法。

　　積雪寒冷地的主角，是使用滑雪板或雪橇神出鬼沒的步兵。在積雪50cm以上的地區，戰車等車輛若不除雪就會動彈不得。

第 6 章　從戰史分析戰術

▶蘇奧穆斯薩爾米（Suomussalmi）之役（蘇芬戰爭）

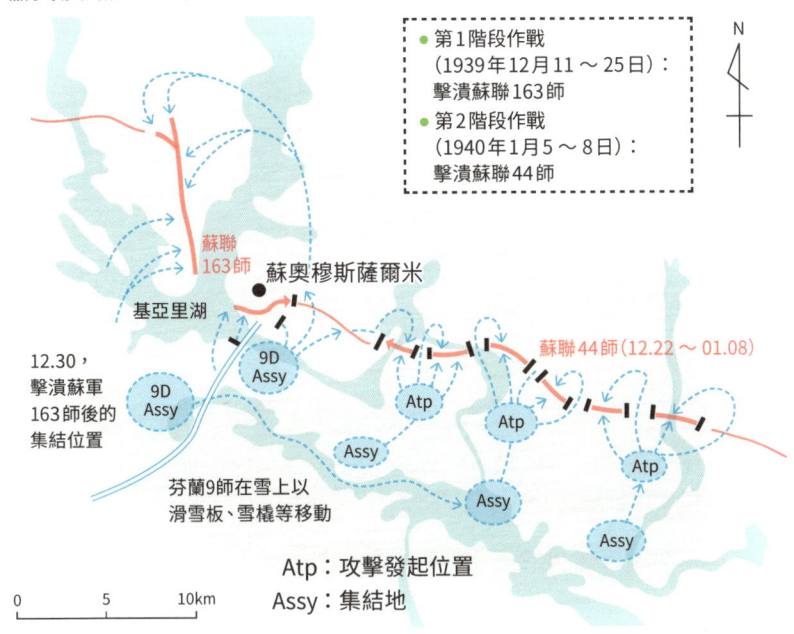

- 第1階段作戰
  （1939年12月11～25日）：
  擊潰蘇聯163師
- 第2階段作戰
  （1940年1月5～8日）：
  擊潰蘇聯44師

蘇聯163師

蘇奧穆斯薩爾米

基亞里湖

蘇聯44師（12.22～01.08）

12.30，擊潰蘇軍163師後的集結位置

9D Assy

9D Assy

Atp

Atp

Atp

Atp

Assy

Assy

Assy

Assy

芬蘭9師在雪上以滑雪板、雪橇等移動

Atp：攻擊發起位置
Assy：集結地

0　　5　　10km

芬蘭軍的滑雪部隊（步兵）

圖：Public Domain

215

6-13

香港攻略作戰──獨斷專行

香港攻略作戰是在獨斷專行下揭幕

　　太平洋戰爭剛開戰後，日本第 32 軍便占領香港。第 32 軍預定於 1941 年 12 月 15 日拂曉開始攻擊九龍要塞，下令第 38 師團預作攻擊準備。

　　按照計畫，軍屬砲兵隊將挾重、輕砲約 130 門充分發揚火力實施攻擊。12 月 9 日夜晚，第 38 師團在毛毛細雨中形成圍攻態勢，軍屬砲兵隊開始占領陣地，準備圍攻九龍要塞。

　　10 日上午 3 點 20 分，師團戰鬥指揮所突然傳入 1 通電報；負責左翼圍攻的步兵第 228 聯隊已經開始圍攻被視為英軍要塞中樞的據點（255 高地），獨斷發起攻擊並將之奪下。

　　負責右翼圍攻的步兵第 230 聯隊得知英軍防備不足之後，也向師部提出進攻申請，但遭拒絕，因而決定獨斷發起攻擊，於 10 日下午 2 點左右占領九龍要塞據點（金山一帶）。

　　九龍要塞攻略成功的最大原因，在於**西山大隊／ 228 聯隊獨斷攻下 255 高地，若松大隊／ 230 聯隊獨斷攻取金山**。這是由**第一線指揮官看穿戰機的眼力，加上訓練精良部隊相輔相成的成果**。

　　第 32 軍原本計畫花費約 2 週，但實際上只用了 6 天就攻克九龍半島，第 38 師團的損耗約為 0.6%。軍司令部當初接到獨斷攻擊報告後，曾一度震怒表示「要把負責人送軍法」，但最後卻改口聲稱這是「將校斥候挺身奪取」，以此收拾局面。這就是至今仍廣為流傳的「軍神若林中尉」傳說起源。

讚譽獨斷專行重要性的文獻

「指揮之要訣，在於確實掌握麾下軍隊，以明確企圖適時賦予適切命令。除律定其行動，也要賦予麾下指揮官大幅獨斷活用餘地」

——《作戰要務令》

「未來的戰爭必須進一步助長個人獨斷專行」

——J. F. C. 富勒／著《講義錄・野外要務令第Ⅲ部》

「若想妥善處置至難狀況、採取至當獨斷專行，就必須讓全軍軍官理解獨斷專行的相關精神，並提升各級指揮官的戰術能力。各級指揮官的戰術能力不只得要滿足自己職責或直屬上級的職域，更須具備滿足數層上級職域的能力，否則便無法執行適當獨斷」

——石田保政／著《歐州大戰史の研究》
（陸軍大學校將校集會所，1937 年）

（因狀況劇變，導致無法適時接收應處命令時）雖應持續重視任務的積極遂行，但（《野外令》中）考量到戰場實際樣相（中略），特別冠以「自主」寫作「自主積極」。

這個辭彙等同於舊陸軍的「獨斷」，即便實際意義與「獨斷」無異，但為了避免受字面影響而陷入恣意專斷，因而避免以「獨斷」作為表現。

——幹部學校記事編纂委員會／著《野外令第 1 部の解說》
（陸上自衛隊幹部學校修親會，1968 年）

6-14

美國第 1 裝甲師的第一戰
一掃德軍的「唐吉軻德式的突擊」

　　歐洲於 1939 年 9 月爆發第二次世界大戰時，美國陸軍不僅士兵、裝備皆呈現明顯不足狀態，且尚在使用第一次世界大戰時期的武器實施舊式訓練。

　　德軍於法國戰線施展「閃擊戰」（1940 年 5 月～6 月）帶來的衝擊，讓一度陷入「不再有下一場戰爭」的美軍大夢初醒，加速進行戰爭準備。

　　美國陸軍於 1940 年 7 月成立由第 1 裝甲師與第 2 裝甲師組成的第 1 裝甲軍。第 1 裝甲師在後來以「凱賽林隘口戰役」聞名的北非突尼西亞戰線，與隆美爾元帥麾下的裝甲師進行對戰。

　　1942 年 11 月 8 日，美、英聯軍發起「火炬行動」（Operation Torch），第 1 裝甲師開始挺進北非。師屬戰車戰力包括 2 個輕戰車營（配備 37 公厘砲）、3 個中戰車營（配備低初速的 75 公厘砲），以及 1 個配備早期型雪曼中戰車（75 公厘戰車砲）的中戰車營。

　　英國第 8 軍團（蒙哥馬利上將）於 1942 年 10 月 23 日發起全面攻勢，迫使隆美爾將軍麾下的非洲裝甲軍團放棄戰場。於埃及戰線敗北的隆美爾軍，轉為展開橫越利比亞約 2,600km 的撤退作戰。

　　1943 年 1 月～2 月，第 1 裝甲師展開第一戰，對上自埃及撤退的非洲裝甲軍團，卻被其擊潰，是為第一次世界大戰後因沉溺於和平而付出的代價。美國陸軍受到閃擊戰刺激後，雖然迅速編成裝甲師，但內容卻仍屬空洞，因為尚未充實「裝甲戰」理論。

第 6 章　從戰史分析戰術

> ### 西迪布濟德戰役──突尼西亞戰線
>
> 1943 年 2 月 15 日，第 1 裝甲師戰車第 1 裝甲團第 2 營於西迪布濟德（Sidi Bouzid）發動的戰車突擊，是研究軍事失敗的絕佳案例。2 個經驗尚淺的營〔1 個營於前日發動攻擊〕在早已構築陣地守株待兔的 2 個德軍老練裝甲師面前直接橫越平坦遼闊的沙漠。其結果不言自喻，根本沒有特別值得一提的戰術。阿爾及爾營〔第 2 營，營長 James D. Alger〕意圖在西迪布濟德附近與德軍遭遇，以騎兵突擊方式向前突進。戰車第 1 團第 2 營於此役首次上陣，他們與其他第 1 裝甲師各隊一樣（中略），並未受過戰車戰術訓練。
>
> ──史蒂芬・薩洛加（Steven J. Zaloga）著、三貴雅智／譯
> 《カセリーヌ峠の戦い 1943》
> Kasserine Pass 1943: Rommel's Last Victory（大日本絵畫）

● 勇於從失敗中學習

1943 年 2 月 15 日前後的 2 天期間，第 1 裝甲師便損失戰車 98 輛、半履帶車 57 輛、野砲 29 門。第一次世界大戰後，德軍學習富勒與李德哈特的裝甲運用新理論，並將其運用於實際戰場。然而，**美國陸軍在戰間期卻無視這些新思潮，並未投以關注。**

美軍雖然在北非的緒戰歷經多次失敗，但他們卻會透過失敗進行學習、調整，進而在突尼西亞戰役與之後的戰役取得勝利。迅速自失敗中學習，可說是美國式管理的強項。

6-15

塔薩法隆加夜戰
瞭望員肉眼與雷達的對決

　　1940年代的夜晚，是完全黑暗的世界。在太平洋戰爭開戰初期（1941～1942年）的海上遭遇戰，奇襲尚能發揮完美效果。**日軍水雷戰隊的瞭望員，為了能在暗夜海上以肉眼辨識10,000m外的敵軍艦影，會接受超越人類極限的猛烈訓練。**

　　泗水夜戰與瓜達康納爾的數場夜戰，驅逐艦以最大戰速（讓所有鍋爐燒到極限，以最大速度航行）迫近敵艦，**在5,000m以內的最佳距離發射93式61公分氧氣魚雷，藉由奇襲單方面擊潰了敵艦。**

　　然而，到了1942年後半，美國海軍已能透過科學方式應對日軍的夜間奇襲戰法，使海戰主導權逐漸倒向美方。**美艦雷達可於23,000m距離偵獲日艦接近，並於10,000m展開砲擊。**

　　也就是說，美艦可在日艦魚雷射程之外展開砲戰。日艦瞭望員發現美艦的同時，射控雷達已能正確指揮砲彈攻擊日艦。超越人類極限的猛烈訓練（技術），在雷達這種科技（科學）面前根本毫無招架之力。

● **帝國海軍最後的榮光「塔薩法隆加夜戰」**

　　1942年11月30日，第2水雷戰隊（司令官：田中賴三少將）率領8艘驅逐艦前往瓜達康納爾島遂行汽油桶運輸任務。其陣容包括第15驅逐隊的「陽炎」、「黑潮」、「親潮」，第24驅逐隊的「江風」、「涼風」，第31驅逐隊的「高波」、「長波」、「卷波」，田中司令官坐鎮旗艦「長波」艦。

　　31日深夜，各驅逐艦正於隆加海岬附近著手進行汽油桶運補作業，而此時美國重巡艦隊（重巡4艘、輕巡1艘、驅逐艦6艘）11艘已經透

第 6 章　從戰史分析戰術

▶塔薩法隆加夜戰（23 點 50 分）

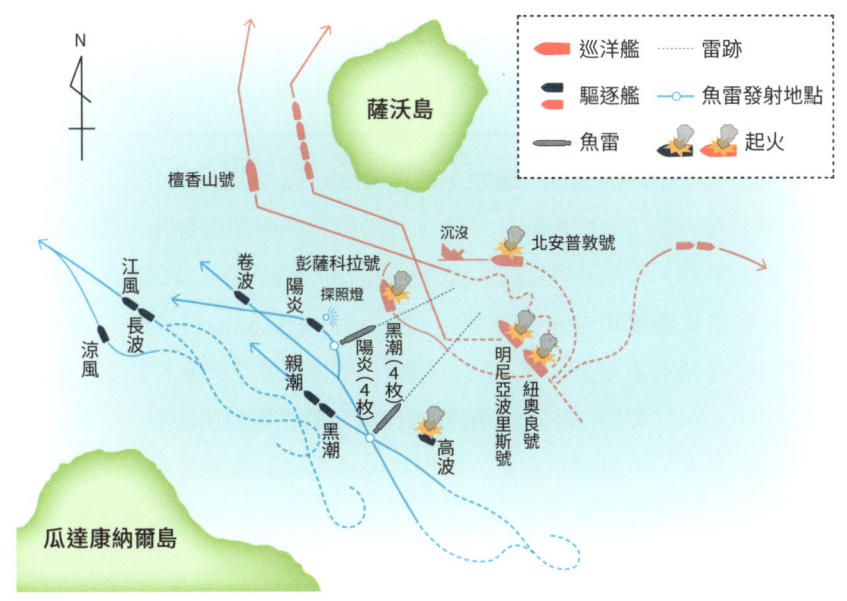

司令官的瞬間狀況判斷致使美軍重巡艦隊全滅

出處：半藤一利／著《ルンガ沖夜戦》（PHP 研究所，2003 年）

過雷達偵獲第 2 水雷戰隊，並且展開迎擊態勢。

　　距離美艦最近的「高波」發現美艦之後，田中司令官便馬上下達「停止運補，開始戰鬥」的命令，代表「立即就戰鬥部署」。當時幾乎處於停船狀態的各艦，立即轉為戰鬥態勢，加俥至最大戰速。

　　美軍雖然先一步展開射擊，但田中司令官仍毫不猶豫下令「全軍突擊」。**在這電光火石間的狀況判斷，最終創下全滅美軍重巡艦隊的預期戰果**。塔薩法隆加夜戰（Battle of Tassafaronga）可說是帝國海軍最後一瞥的榮光。

6-16

從英帕爾作戰看外線作戰

包圍敵軍，並殲滅之

　　外線作戰屬於優勢軍的戰略，算是強者戰法。若執行與實力不相符的外線作戰，戰鬥力就會陷於分離，有遭到各個擊破的危險。英帕爾作戰（1944年3～7月）的日軍，就是個典型失敗案例。

　　英國第4軍團司令史庫恩斯中將（Geoffry Scoones），眼看日本第15軍（15師團、31師團、33師團）發起攻勢，決定捨棄更的宛江地區（Ningthi River）的決戰計畫，**改為採用英帕爾平原的決戰案**。

　　這乍看之下是個消極方案，但卻是經過縝密計算的必勝案。它能讓**日軍陷入綿長補給負擔，可以選擇在日軍後勤跟不上的時間與地點進行決戰**。

> 「統帥（指揮大軍）意為指明方向，並且準備後勤（補給）」
> ——大橋武夫／著《統帥綱領入門》（マネジメント社、1979年）

　　日軍的英帕爾作戰是無視後勤支援的方案，英軍史庫恩斯中將冷靜分析日軍弱點，將日軍引入英帕爾平原。

　　英軍在英帕爾平原的後勤基盤（根據地）集結全軍，以最能發揮戰鬥力的態勢蓄勢待發。待日軍陷入分散、戰鬥力枯竭的階段，便一齊展開反擊。

　　日軍戰鬥力根本無法抵擋英軍攻擊，撤退路線甚至還被稱作**白骨街道**，狀況極為慘烈。發動這種與實力不相襯，只是虛有其表的外線作戰，最後的結果就是慘不忍睹。

　　外線態勢屬於準備行動，完成包圍網後，最大限度發揮戰鬥力將敵殲滅，便是外線作戰的本質。

第 6 章　從戰史分析戰術

▶英帕爾作戰時日軍、英軍的動向

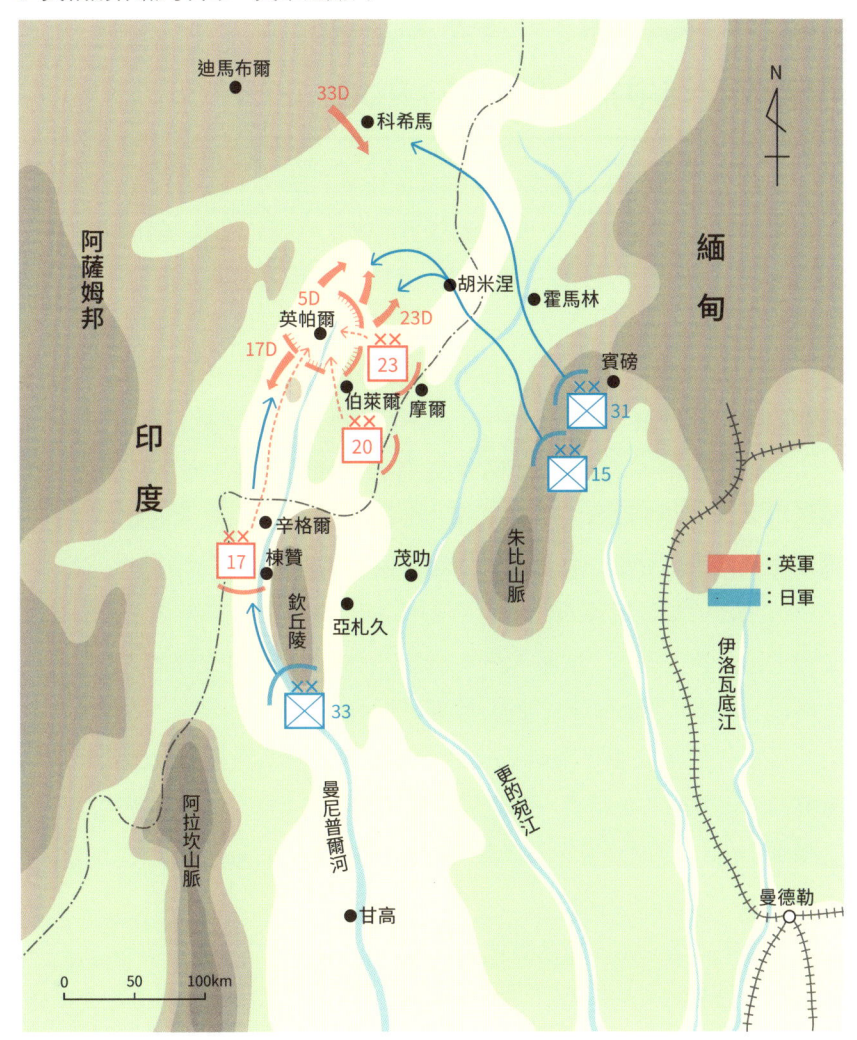

被引入英帕爾平原的日軍因分散、補給枯竭而潰滅

6-17

北非戰線　其之①
在廣漠沙海中神出鬼沒的 LRDG

　　1942年10月23日深夜，英國第8軍團（20萬）開始在埃及戰區的艾爾‧阿拉敏（El Alamein）戰線對德國、義大利軍（10萬）發動總攻擊。經過大約1週激戰，德國、義大利軍抵擋不住英軍攻擊，於11月2～3日向西全面撤退。

　　德軍隆美爾上將自9月23日開始在奧地利療養，但在接到「蒙哥馬利開始發動總攻擊」的報告後，便於10月25日回到艾爾‧阿拉敏戰線。

　　在敵我混戰中，英國特種精銳部隊曾設法狙殺隆美爾，他們就是直屬於第8軍團司令官的LRDG（Long Range Desert Group）**長距離沙漠群**。**這次作戰直指隆美爾的指揮所，意圖葬送這隻沙漠之狐。**

　　LRDG可說是第8軍團司令的耳目，他們會開著吉普車或卡車潛入敵後地區，執行偵察、情蒐、襲擊等任務。後方地區是北非的大漠地帶，大多沒有地圖，因此必須能夠長期獨立行動。

　　日本人根本就想不出像LRDG這種點子，因為**這是基於桀驁不馴、愛好浪漫與冒險的央格魯—薩克遜人氣質而生的產物**，緬甸戰線的溫蓋特突擊隊（編註：亦稱緬甸遠征軍特種部隊〈Chindits, Long Range Penetration Groups〉）也是類似組織。

　　戰術的本質在於「知己知彼」。

　　為了做到這一點，除了編成、裝備、戰術、戰法等軍事面之外，也必須遍覽歷史、文化、民族等特性，不能只是以己度人，而得謀求形而上的機動，也就是精神上的自由與彈性。

第 6 章　從戰史分析戰術

LRDG（長距離沙漠群）的1.5噸雪佛蘭卡車。他們是一組小單位，於卡車上裝滿生存必需品（武器、彈藥、燃料、油品、食物、零件等），縱橫大漠神出鬼沒遂行任務　　　圖：Public Domain

▶ 30 天份的物資搭載範例

- 汽油890L、機油、潤滑油、水、戰鬥口糧、烹飪器具、寢具組、彈藥、沙地脫困用木板與墊子、無線電、電池、槍械等。
- 至少搭載2挺機槍：50口徑航空用白朗寧、303口徑維克斯K雙管機槍。
- 以太陽羅盤定向，利用經緯儀確認詳細位置。
- 修護兵的卡車會裝載備用車軸、散熱器、離合器片、轉向桿零件，以及各種管子、束帶、扣具等。

參考：史蒂芬・帕斯費爾德（Steven Pressfield）／著
《沙漠の狐を狩れ》（*Killing Rommel*）（新潮社，2009年）

225

6-18

北非戰線　其之②
沙漠戰是講究騎士精神與公平競爭的作戰

　　戰爭的目的並非破壞；是為了建構更美好的戰後，在過程當中迫不得已必須行使暴力，但這也得要自我設定極限。在北非戰線，就可以看到抑制暴力的明確意志。

> 「非洲軍謹遵戰爭法規遂行作戰的這點，最為英軍讚許，而其榮耀則要歸功於隆美爾。由於非洲軍完全是以隆美爾作為典範，因此他無疑有資格獲得大部分的殊榮」
> ——戴斯蒙德・楊（Desmond Young）／著
> 《ロンメル将軍》（Rommel: The Desert Fox）
> （早川書房，1978年）

　　「沙漠之狐」是英軍官兵懷著愛恨與敬畏心情，賦予敵將隆美爾的暱稱。為什麼英軍會如此讚許敵將呢？

　　理由**其一，是因為隆美爾將軍**具有身為野戰指揮官的卓越指揮能力。隆美爾將戰車群當作沙漠之海的艦隊般善加運用，最大限度發揮機動力，不斷威脅英軍後方聯絡線，搞得英軍天翻地覆，簡直有如戰場霸者。

　　其二，在於非洲軍謹守騎士道的作戰。隆美爾雖為取得勝利而投注全知全能，但也禁止在戰鬥結束後進行無謂的殺傷。他謹遵戰爭法規對待俘虜，對於敵我傷兵也給予平等治療。

　　其三，在於隆美爾的**戰士姿態**。隆美爾並非躲在後方發號施令，而

是經常親臨最前線執掌指揮,與官兵寢食與共。此事言知之易,行之難,軍長能夠親自以身作則,可謂相當難能可貴。

在北非的沙漠,除了隆美爾部隊始終保持高尚精神執行作戰,其對手英軍其實也很講究公平競爭精神。

隆美爾自英軍手中繳獲得 AEC 裝甲指揮車。該型裝甲指揮車,並取名為「猛瑪象」,充當移動指揮所使用。隆美爾時常在車上起居,親臨最前線執掌指揮。英軍長距離沙漠群(LRDG)曾找出這輛「猛瑪象」,企圖殺害隆美爾　　　　　　　　　　　　　圖:Public Domain

6-19

蘇軍入侵滿州
為二次大戰收尾的大規模機動

　　1945年8月9日凌晨，蘇軍（超過80個師、士兵約150萬人、大砲2,600門、戰車、裝甲車5,600輛）**撕毀日蘇中立條約，於滿州（當時）4,400km正面同時發動奇襲入侵。**

　　蘇軍自邊境後方20～80km的集結地開始戰鬥前進，跨越邊境後，各突進部隊馬不停蹄順著前進軸線持續推進，約1週內便突破約500～950km的距離，徹底壓垮日軍（關東軍）。

　　蘇軍戰車為 **BT-7輕戰車（45mm主砲）** 與新型的 **T-34/85中戰車（76mm／85mm主砲）**。關東軍雖然備有4個戰車聯隊，但都只有配備97式中戰車（57mm主砲）、95式輕戰車（37mm主砲）等舊型戰車，不論數量、性能皆不是對手。

　　距離「1919年戰略計畫」（參閱6-9）四分之一個世紀後，蘇軍發動的這場滿州侵略，可說是機動戰最大規模的總結，也是為第二次世界大戰做收尾。

　　雖說如此，**蘇聯發動戰爭的根本目的，卻是透過取得決定性勝利來完全殲滅敵國**，與富勒理想中的中世紀的文明限制戰爭有本質上的差異，這種戰爭觀可說是個突變種。

　　蘇軍的戰爭觀，至今仍被俄軍所繼承。以2022年2月發生的烏克蘭戰爭來看，俄軍對於烏克蘭的各種設施、民宅房舍等都毫不留情地加以摧毀。

　　蘇軍攻勢的核心，是近衛第6戰車軍團。此軍團以3個戰車軍作為骨幹，戰力包括戰車與自走砲1,019輛、裝甲車188輛、火砲1,150門、火箭砲43門、汽車6,500輛。他們從塔木斯克跨越大興安嶺山脈，10日後便推進至奉天—長春一線。

※數據是引述自加登川幸太郎／著《帝国陸軍機甲部隊》（白金書房）。

第 6 章　從戰史分析戰術

▶蘇軍入侵滿州（1945 年 8 月）

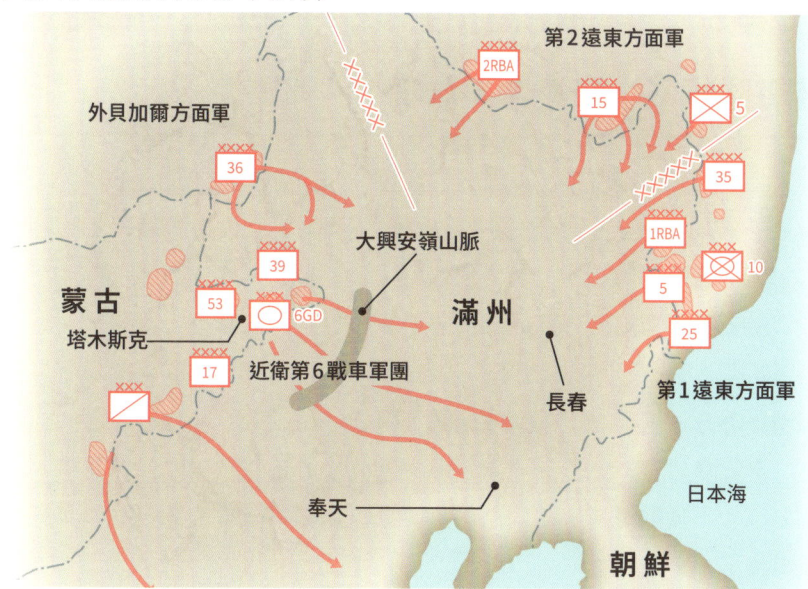

作戰層級的戰鬥前進（Movement to Contact）典型範例。各突進縱隊馬不停蹄持續攻擊前進
參考：FM3-90《戰術》（*TACTICS*）

▶ T-34／85 中戰車

原本配備 76mm 主砲，後來換裝 85mm 主砲。它的各項性能相當均衡，堪稱第二次世界大戰最優秀戰車。照片攝於亞伯丁軍械博物館

6-20

韓戰──美國陸戰隊自敵區突破

陸戰隊絕不捨棄袍澤與裝備

　　北韓的長津湖附近，氣溫低於零下30°C。韓戰期間的1950年11月27日夜晚，中共人民志願軍第9兵團（7個師）以**人海戰術**對美國陸戰第1師發起攻擊。

　　陸戰第1師讓柳潭里的2個陸戰團後退至下碣隅里，柳潭里～下碣隅里距離22km，且是被冰雪覆蓋的山路。兩團帶著1,500名傷員不分晝夜邊打邊退，花了77小時才抵達下碣隅里。

　　下碣隅里有條跑道，可讓運輸機起降。師長雖然被勸搭機撤離，但他表示：「**陸戰隊是一體同心，只要還有武器與隊員在此，必與弟兄命運與共，**」拒絕先撤。

　　若要使用運輸機，就必須在當地留下一個連級部隊斷後，才有辦法守住跑道。古土里的守備部隊單獨脫離，戰車與野砲等重型裝備只得放棄。

　　下碣隅里～古土里距離18km，古土里～真興里距離10km，且都是連綿不絕的山地地形。**陸戰隊分成3個梯隊通過由飛機、迫擊砲、野砲等火力掩護的走廊，分別採取T字作戰隊形，與憑藉人海戰術從四面八方來攻的中共志願軍步兵矇著頭邊打邊走。**

　　傷員已從下碣隅里搭乘運輸機後送，前進中的車輛上只載著駕駛、助手、新的傷員以及陣亡人員。其他可以動的人，都只能靠自己的雙腳徒步行走。

　　真興里以南是片開闊平原，中共人民志願軍無法在此環境跳梁作亂。陸戰第1師的損耗，包括陣亡、負傷、失蹤、凍傷者共有8,000人，占全師50%。

第 6 章　從戰史分析戰術

▶陸戰第 1 師的撤退行動（1950 年 12 月 1～10 日）

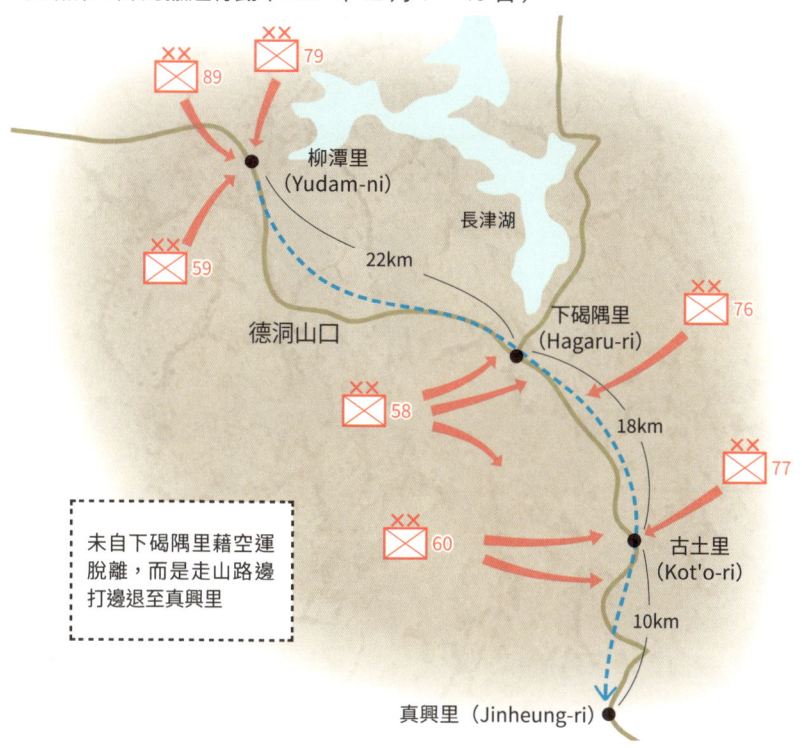

柳潭里（Yudam-ni）
長津湖
22km
德洞山口
下碣隅里（Hagaru-ri）
18km
古土里（Kot'o-ri）
10km
真興里（Jinheung-ri）

未自下碣隅里藉空運脫離，而是走山路邊打邊退至真興里

酷寒的古土里。約 40 輛 M4 中戰車與偵察排於 12 月 10 日深夜從古土里殿後出發。為防止燃油、機油、冷卻水等結凍，戰車在出發前數小時就必須發動暖機　　圖：美國陸戰隊

6-21

韓戰──仁川登陸作戰

麥克阿瑟毅然決然下注 5,000 對 1

　　1950 年 6 月 25 日（星期日）早上，北韓軍於 38 度線全線展開砲擊，並且發動進攻。北韓軍在 3 天內便攻陷韓國首都漢城，並在烏山打退緊急派遣的美國地面部隊，於大田擊垮美國第 24 步兵師。到了 7 月下旬至 8 月上旬，甚至呈現一口氣衝向大邱、釜山的態勢。

　　釜山環型防禦圈攻防戰，從 7 月下旬一直打到 9 月上旬。由於**此役接近北韓軍的攻勢終點，但聯合國軍也幾乎沒有預備隊可用，使得極點到底會往哪邊轉換，尚還難以判斷**。

　　聯合國軍（美軍）可以動用的部隊，包括來自加州的陸戰第 1 師、來自日本北海道的第 7 步兵師，以及環型防禦圈內的第 5 陸戰團。

　　8 月下旬，麥克阿瑟總司令企圖靠這些部隊扭轉戰局，一口氣殲滅北韓軍，提出 **3 個具體登陸方案**。

　　麥克阿瑟身為老練指揮官，決心選擇「甘冒風險」的第 3 案（於仁川附近登陸）。他認為只要在釜山環型防禦圈拘束北韓軍，並完全切斷北韓軍的退路，便能一口氣解決眼前的困局。

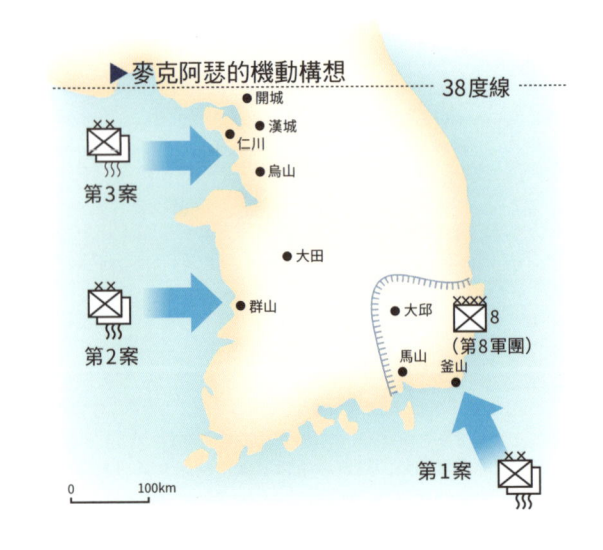

▶麥克阿瑟的機動構想

第 6 章　從戰史分析戰術

3 種登陸方案

第 1 案：增強環型防禦圈兵力，自正面推出。
　　➡ **現狀維持**。無法殲滅北韓軍。
第 2 案：強化第 8 軍團左翼。
　　➡ **堅實案**。但卻難以擊潰所有北韓軍。
第 3 案：完全切斷北韓軍的後方聯絡線。
　　➡ **以奇襲為前提**。可一口氣殲滅北韓軍。

▶仁川登陸作戰（1950 年 9 月 15 日～16 日）

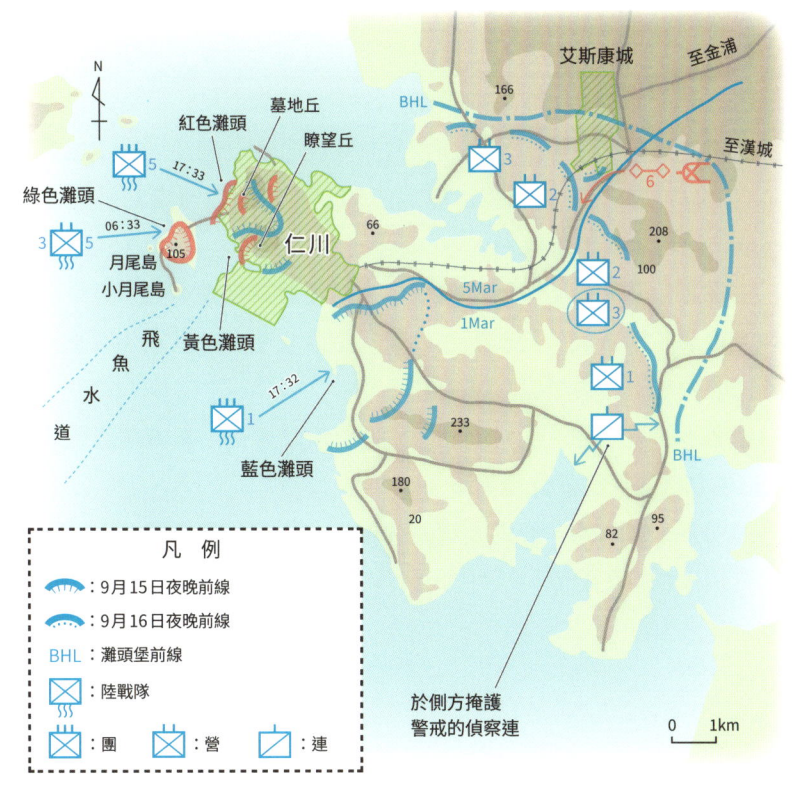

凡　例
　　：9月15日夜晚前線
　　：9月16日夜晚前線
　BHL：灘頭堡前線
　　：陸戰隊
　　：團　　：營　　：連

出處：美國官方戰史收藏，陸戰史研究普及會／編《韓戰 4 仁川登陸作戰》（原書房、1969 年）

6-22

奠邊府攻防戰

越南獨立同盟會等待雨季到來再行決戰

　　越南獨立同盟會（越盟）的軍隊，花費大約55天（1954年3月13日～5月7日）的時間與法軍進行決戰，並且取得勝利，為**長達 90 多年法國在印度支那（現在的寮國、越南、柬埔寨）的統治畫下句點。**

　　決戰舞台為奠邊府（Dien Bien Phu），這是一個距河內 450km、寮國邊境 35km 的山地要衝。法軍（1萬6,200人）於此地構築野戰塹壕陣地，企圖引誘越盟軍前來並將之殲滅。

　　對於法軍而言，奠邊府是能扭轉不利戰局的據點，不僅可以設下陷阱擊潰越盟軍，也能切斷來自寮國的各種物資補給。

　　法軍認為野戰塹壕陣地四周皆為開闊地，一旦越盟軍發起攻擊，便能以砲兵火力與空中攻擊將之擊退，且他們認為越盟軍的戰鬥能力較差，無法發動大規模進攻。

　　法軍是以「旱季」作為決戰想定，但越盟軍卻是等到「雨季」來臨才發起攻擊。法軍最大的弱點在於補給全靠空運，一旦進入雨季，飛機的運用就會受限，甚至根本無法起降。

　　越盟軍在旱季的 3 個月期間徹底進行攻擊準備，**指揮越盟軍的是號稱「紅色拿破崙」的武元甲將軍。**

　　他出乎法軍意料，發動大規模攻擊。這場攻擊如右圖分為 3 階段實施，特別是在第 2 階段，執行的是不計代價的激烈攻擊（人海戰術）。

第 6 章　從戰史分析戰術

▶奠邊府攻略圖

→（粗紅實線箭頭）	越盟軍第1階段攻擊
→（紅白虛線箭頭）	越盟軍第2階段攻擊
→（深紅實線箭頭）	越盟軍第3階段攻擊
✈	越盟軍伏擊法軍攻擊
◯（紅色虛線圈）	越盟軍第1次包圍陣
◯（橘色虛線圈）	越盟軍第2次包圍陣
→	法軍反擊
┄	以戰車掩護的法軍撤退路徑
▪	法軍指揮部

往萊州

獨立山高地
（嘉柏麗陣地）

班喬
（安妮瑪莉陣地）

南嫩喬河

興蘭高地

往東郊

芒青谷地

班洪雷克

楠雲河

經由班隆乃往班卡姆

班卡姆
（伊莎貝爾陣地）

班納田

班摩　往寮國　班索姆

經由班隆乃往孟青

235

6-23

越戰──美國第 1 騎兵師的首戰

空中機動戰對上游擊戰，兩不相襯的戰鬥

越戰為美軍正規戰思想與北越軍游擊戰思想的衝突，最後以美軍慘敗告終。雖說如此，**美國陸軍推出的劃時代作戰方式「空中機動」**（Airmobile Operations）仍然值得矚目。然而，將這套戰術用在反游擊戰這種異質環境，事實上是很有疑問的……。

1965 年秋季，**正規軍之間的首戰，於南越（當時）的中央高原地帶（德浪河谷 Ia Drang）爆發**。新編成的美國第 1 騎兵師與北越正規軍（第 32 團、第 33 團、第 66 團）大打出手，戰鬥異常血腥，近距離廝殺堪稱野蠻，雙方都有大量死傷。

北越軍是輕武裝、輕裝備，靠隱密、徒步機動為主的步兵部隊，美國第 1 騎兵師則是擁有最先進裝備的世界頂尖軍隊，特色是以直升機發揮機動力，且靠現代化武器帶來破壞性火力。

在國防部長麥納馬拉（Robert McNamara）強勢指導之下，第 1 騎兵師於 1965 年 6 月編組完成，陣容包括 1 萬 6,000 名士兵，以及大約 400 架直升機，可將野砲、車輛等自空中投入地面戰鬥，**是當時世界最先進的超級先進的作戰師**。

1965 年 11 月的德浪河谷戰役，UH-1D 直升機放下步兵後立即起飛脫離
圖：美國陸軍

第 6 章 從戰史分析戰術

● 德浪河谷的搜索殲滅作戰

1965 年 10 月 27 日，魏摩蘭總司令（William Westmoreland）下令第 1 騎兵師師長基納德少將（Harry Kinnard）於波萊梅（Plei Me）以西區域執行**搜索殲滅（Search and Destroy）作戰**。

該師的搜索區為德浪河谷，這是一片 2,500km² 的遼闊荒野，對於美軍與西貢政府來說，長年以來都是未知、未開拓的蠻荒之地。

第 1 騎兵師在 11 月 24 日之前，於德浪河谷對北越正規軍實施作戰，為期大約 1 個月。在此期間，曾爆發 **X 光 LZ（Landing Zone：著陸區）之戰**（北越軍的白刃戰對上美軍空地一體的火力戰）、**阿爾巴尼之戰**（The Battle at LZ Albany，北越軍以伏擊發動白刃戰）等，雙方損失都很慘重。

X 光著陸區之戰與阿爾巴尼之戰對美軍而言都是出乎意料的遭遇戰，**北越軍的近身戰法讓美軍損失慘重**。北越軍躲過美軍的砲轟與空襲，設法帶入步兵對步兵的白刃戰，當美軍部隊在著陸區機降後，便立刻緊貼上去與之肉搏。

● 以空中機動執行「搜索殲滅」的概念

1. 以偵察直升機發現敵蹤，並將敵軍釘在該處。
2. 讓攻擊部隊搭乘運輸直升機前往安全的中間準備區。
3. 運輸直升機靠近作戰區時，砲艇機、砲兵、定翼機會對著陸區展開砲擊與炸射，使搭乘運輸直升機的攻擊部隊得以急襲著陸區。
4. 一旦與敵接觸，便要立即加派增援部隊，並呼叫砲兵火力與密接空中支援。
5. 確保安全後，便會把著陸區當成各種攻擊、防禦據點使用。

從第 3 次中東戰爭看內線作戰
首先要打擊最具威脅性的敵人

內線作戰屬於弱者戰法，為戰略性守勢作戰。以色列打從建國以來，便處於被敵國及敵性勢力包圍的狀態，因此必然只能採取內線作戰。

所謂內線作戰，是將戰力保持於中央，一旦發生狀況，首先要集中全力於最重要正面擊潰敵軍。接著則透過迅速機動將戰力集中於第 2 正面，擊潰第 2 支敵軍。在第 1 正面進行戰鬥時，其他正面只能設法以最低限度戰力固守。

1967 年 6 月 5 日上午 7 點 45 分，以色列空軍傾全力對阿拉伯陣營的各空軍基地發動先制攻擊，**使阿拉伯各國空軍飛機在開戰首日便損失 40%**，讓以色列取得了制空權。

投入西奈半島作戰（第 1 正面）的以色列軍包括 18 個旅（3 個師），**占總兵力 25 個旅的 70%**，集中採取攻勢作戰。以色列國防軍施展機動戰，將西奈半島上的阿拉伯聯合共和國（埃及）軍包圍殲滅。

6 月 9 日，埃及的納瑟總統（Gamal Abdel Nasser）承認敗北，接受聯合國的停戰勸告，西奈半島上的以軍各旅因此**立即調轉方向**，前往戈蘭高地（第 2 正面）。

6 月 10 日，自西奈半島轉用的決戰部隊 4 個裝甲旅抵達戈蘭高地，同時對敘利亞軍展開攻擊，占領了戈蘭高地。

這場又被稱作「6 日戰爭」的第 3 次中東戰爭，是場成功的內線作戰，而最大的功臣，就是學習北非戰線隆美爾戰車軍作戰方式、**既精強且富機動力的以色列國防軍（IDF）裝甲部隊**。

第 6 章　從戰史分析戰術

▶第 3 次中東戰爭（1967 年 6 月）以色列國防軍（IDF）的內線作戰

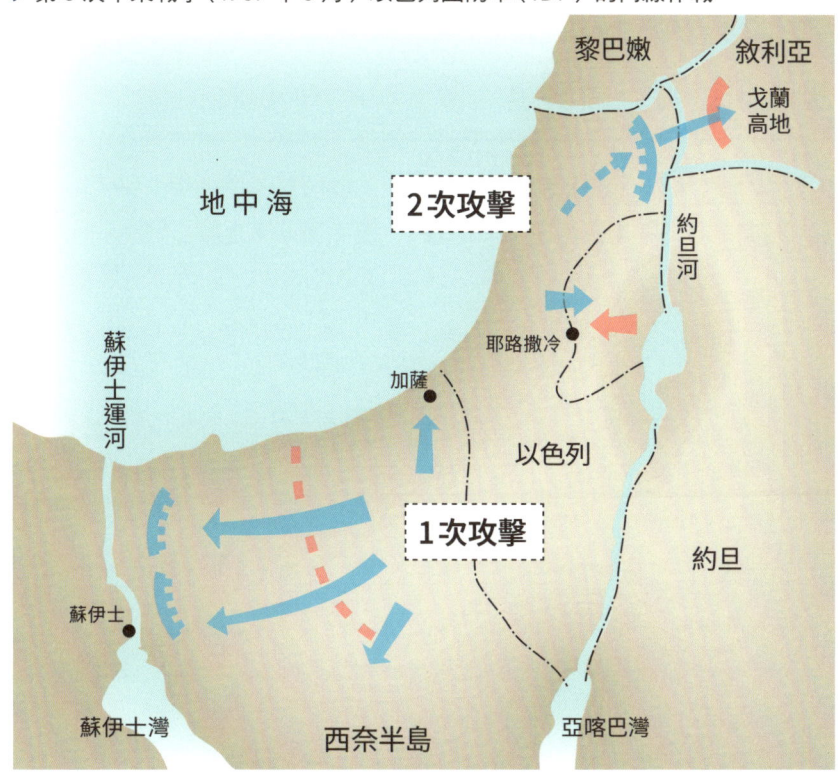

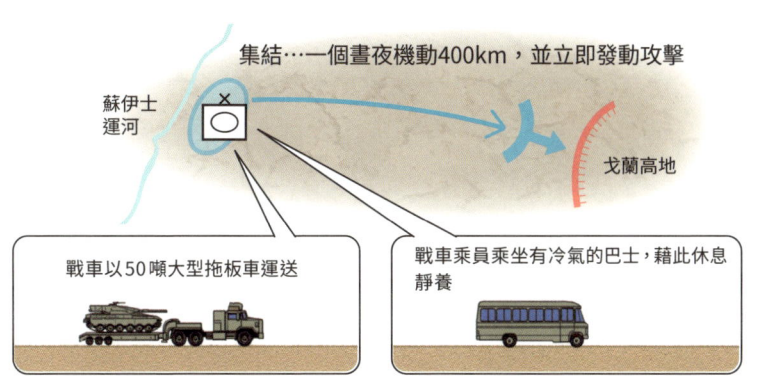

黎巴嫩
敘利亞
戈蘭高地
地中海
2次攻擊
約旦河
蘇伊士運河
耶路撒冷
加薩
以色列
1次攻擊
約旦
蘇伊士
蘇伊士灣
西奈半島
亞喀巴灣

集結⋯⋯一個晝夜機動400km，並立即發動攻擊
蘇伊士運河
戈蘭高地
戰車以50噸大型拖板車運送
戰車乘員乘坐有冷氣的巴士，藉此休息靜養

內線作戰的成功關鍵，在於短期決戰、速戰速決。為此，決戰部隊必須要能迅速機動，而 50 噸大型拖板車與具備冷氣空調的巴士都是關鍵利器

6-25

福克蘭戰爭　其之①
英國規復福克蘭群島

　　以下要介紹一段在號稱「昭和元祿」的時代，防衛廳（現防衛省）仍位在紅坂檜町（現為東京 Midtown），筆者與某海自幹部對談的內容。

> 「徵用伊莉莎白女王II號（*Queen Elizabeth 2*），也是從一開始就計畫好的嗎？」
> 「嗯。英國有3套《緊急應變計畫》（香港、直布羅陀、福克蘭），海軍學院每年都會挑1套出來進行兵推驗證。我去海軍學院留學的時候，推的是《福克蘭緊急應變計畫》」
> 「那麼，當年福克蘭戰爭時英軍採取的一連串行動，都有按照劇本操作嗎？」
> 「嗯，沒錯。內容跟我在海軍學院參加的兵推如出一轍，且當時阿根廷海軍的軍官也有參加的說……」

　　這是筆者在福克蘭戰爭告一段落的半年後，與曾經留學英國海軍學院的海幕學長（2等海佐）之間的個人交談內容。當時筆者是陸幕調查部的部員（3等陸佐），負責的正是福克蘭戰爭從爆發到結束的部份。

　　以下為福克蘭戰爭的異聞。

　　由於防衛研究所的《福克蘭戰爭史[※]》有提到「當時英國並無針對福克蘭群島發生狀況時的緊急作戰計畫」、「在沒有緊急作戰計畫作為基礎之下，特遣艦隊是『邊走邊想』擬定作戰計畫」，所以我才在這裡介紹以上這段個人體驗。

[※]《福克蘭戰爭史》可在防衛研究所網站（https://www.nids.mod.go.jp/publication/militaryhistory_research/falkland/index.html）閱覽。

英國為何能打贏？

福克蘭戰爭始於 1982 年 3 月 19 日，阿根廷軍登陸英國殖民地福克蘭群島並占領該島。後來阿根廷軍主力在英軍地面部隊攻擊下，於 6 月 14 日投降，是場為期 3 個多月的領土糾紛武力衝突。

4 月 2 日早晨，阿根廷軍奇襲進攻福克蘭群島，並且占領該群島。3 天後的 4 月 5 日，英國為規復該群島，派出約 30 艘特遣艦隊，之後的軍事衝突則持續大約 10 週。

福克蘭戰爭是場圍繞離島主權的熱戰，**英國獲得勝利的原因**有以下 4 點值得關注。

① 柴契爾首相具有規復領土的堅強意志，並能發揮強烈領導力。
② 平時就有準備「緊急應變計畫」，一旦出事便可迅速採取行動。
③ 以福克蘭群島為中心，設定 200 英里的完全排他性水域（Total Exclusion Zone：TEZ），切斷阿根廷侵略軍的海上補給線（SLOC：Sea Lines of Communication）。
④ 地面部隊占領史丹利港（參閱次頁）是致勝關鍵所在（地面戰力的本質在於控制人與土地）。

6-26

福克蘭戰爭　其之②
阿根廷失去福克蘭群島

　　阿根廷軍的福克蘭群島防衛作戰宣告失敗，他們的陸、海、空軍分頭作戰，因此遭到各個擊破，或被癱瘓戰力。派往福克蘭群島的部隊無法獲得來自本土的補給，彈盡援絕下只能投降。英國國防部報告稱「俘虜 1 萬 1,400 名阿根廷官兵」。

　　福克蘭戰爭是志願役**專業軍隊**對上義務役**業餘軍隊**的作戰，阿根廷國民有年滿 19 歲就得服 1 年兵役的義務，陸軍約 70% 都是徵召兵，可說幾乎都是新兵。

　　阿根廷的陸軍及陸戰隊，在 100 年內都沒有經歷過真正的武力戰爭。特別是陸軍，雖然他們在中南美洲是反游擊戰的權威，但對於正規戰的守勢作戰、防禦戰鬥卻不怎麼在行。

　　英軍全部都是以志願役士兵構成，不僅利用夜視裝置進行夜間戰鬥（步兵夜間攻擊、砲兵夜間射擊、直升機夜間操作等）是致勝關鍵，訓練水準也很高，使得地面戰鬥簡直就是**職業對上業餘的作戰**。

　　軍隊平時的任務是以教育訓練為主，而訓練的品質與程度會直接影響戰鬥結果。**軍隊平時的教育訓練是否得當，會關係到國家的命運。**
地面戰力的本質，在於控制陸地、控制人員。

　　遇到領土問題，若不能控制陸地，就無法獲得解決。地面戰力因此可說是國土防衛的最後一道磐石。英軍將最終目標訂為攻下史丹利港（Port Stanley），就是實現地面戰力的本質。

第 6 章　從戰史分析戰術

▶英軍地面戰力的推進經過

5.21登陸

聖卡洛斯港
道格拉斯
藍綠灣
西福克蘭島
東福克蘭島
古斯格林
菲茨羅伊
史丹利港
福克蘭海峽

6.11～6.14 總攻擊

6.8登陸

5 月 21 日登陸聖卡洛斯港的部隊與 6 月 8 日登陸菲茨羅伊的部隊於 6 月 11～14 日對史丹利港發起總攻擊。另外，於古斯格林獲勝的部隊也搭乘直升機與之會師

在史丹利港的阿根廷戰俘。該國派出了 13,000 名士兵，但大多都是新兵

圖：Ken Griffiths

243

空地作戰

空地作戰採用「英式足球模式」

波斯灣戰爭出現的「100小時戰爭」可說是史上罕見的戲劇化勝利，這是將**象徵美國陸軍近代化的「空地作戰準則」（Air-Land Battle, ALB）應用於實戰**。該準則原本是為對蘇聯作戰而準備，但卻在「沙漠風暴行動」發揮本領。

空地作戰是要在歐洲中部以大縱深攻擊（Deep Attack）擊潰華沙公約組織軍，謀求的是在地面戰鬥獲得勝利。

空地作戰的預想戰場，是在NBC（核子、生物、化學戰）、EW（電子戰）環境下，將攻擊縱深向東深入150km。若美國陸軍的14個師全力展開，將有140個營＝420個連，再加上NATO（北大西洋公約組織）加盟國軍，機動部隊的連隊數量將會超過1,000個。

在這樣遼闊的戰場上，營長與連長等第一線各級指揮官必須要能採取獨立行動，不能只是等待命令，而是要俯瞰、洞察整體狀況，獨自進行狀況判斷並下達決心，為達成整體目的作出貢獻。若準則改變，作戰方式自然也會隨之調整。雖然戰術的原理原則是不變的，但依據狀況變化，其適用方法也會跟著改變。而這種變化，可比喻為「**從美式足球模式（Football）改成英式足球模式（Soccer）**」。

美國陸軍在1982年版的作戰準則《作戰》（FM 3-0 *Operations*）新加入了「作戰層級」（Operational Level），並於**1986年版正式採用了作戰藝術（Operational Art）一詞**，此時空地作戰這個辭彙的意義便已等同於作戰藝術了。

第 6 章　從戰史分析戰術

▶美式足球模式與英式足球模式

美式足球的所有球員會依據教練打出的信號統一採取行動，模式（戰術）有幾個種類，每個球員在每種模式中扮演的角色是固定的，因此只要教練下達指示，所有球員就會各就各位做該做的事，這在比賽過程中會不斷重複。只要透過練習熟悉各種模式，便能順利進行比賽，並且謀取勝利。每個球員都像一顆棋子，而教練則是唯一全能的指揮官

圖：Jeff Thrower ／ Shutterstock.com

英式足球球員每個人都是獨立指揮官，教練僅傳達整場比賽的方案，比賽過程中每個球員都要觀察整體動向並各自進行狀況判斷。在空地作戰的戰場，連長就好比是足球隊員，必須能夠獨立行動、獨自進行狀況判斷、採取積極主動，為達成整體目標（勝利）作出貢獻

圖：Levante Media ／ Shutterstock.com

245

6-28

任務式指揮
自主積極行動，也就是鼓勵獨自判斷

美國陸軍的野戰準則裡有「任務式指揮（Mission Command）」這個辭彙，意思是**指揮官僅賦予麾下部隊任務，具體實行要領則任其發揮**。

雖然這聽起來好像很理所當然，但以前美國陸軍的任務都會包含具體實行要領，因此連長只要確實執行命令即可。美國陸軍將這種作法徹底改變，將具體實行要領交由連長裁量。

任務式指揮的概念，在美國陸軍於 1982 年版的野戰準則《作戰》（FM3.0 *Operations*）將必勝戰略變更為空地作戰時開始特別強調。

準則一旦改變，作戰方式也會隨之調整，而美國陸軍則將這種變化巧妙比喻為「從美式足球模式改成英式足球模式」（參閱 6-27）。

舊日本陸軍及陸上自衛隊並無任務式指揮這個術語，但卻把這種指揮方式視為理所當然。據推測，這應該是在明治時代早期學習普魯士戰術的時候引進的。

一如 **6-13** 所述，舊日軍相當重視「獨斷」，而獨斷專行則與任務式指揮意思相同。

美國陸軍只能算是後來居上，但之後美國陸軍徹頭徹尾的改變，卻也令人刮目相看。**任務式指揮如今已昇華為「美國陸軍的指揮哲學」**。

> **任務式指揮為美國陸軍的指揮哲學**
>
> 指揮官運用任務式命令（Mission Order）行使權責和指引，以在指揮官意圖範圍內賦予紀律性的主動權（Initiative），從而使敏捷且適應性強的領導者能夠有效地執行一體化陸上行動（Unified Land Operations）。
>
> ——美國陸軍準則參考書 ADRP6-0 *Mission Command*

● **於波斯灣戰爭實際確認其效用**

美國陸軍在 1980 年代於國家訓練中心（National Training Center, NTC）等處徹底實施基於空地作戰準則的任務式指揮實戰化訓練，其成果於號稱 100 小時戰爭的「沙漠風暴行動」充份發揮。

在沙漠打仗，必然伴隨正面遼闊、機動縱深大、步調極端迅速的戰鬥進程，法蘭克斯中將的第 7 軍認為要在移動狀態下隨時掌握敵情實屬困難。

依美國官方戰史評價，在**各級指揮官完全理解軍長企圖、讓第 7 軍各部隊得以自主獨立行動、徹底實踐任務式指揮之下**，這個問題便能被抵銷掉了。

衰變鈾穿甲彈命中後，具放射性的金屬微粒就會四處飛散。圖為遭擊毀的伊拉克軍戰車　　　　　　　　　圖：美國海軍

6-29

北方四島的蘇軍

是要防範自衛隊侵略嗎？

　　2010年11月1日，當時的俄羅斯總統梅德維傑夫（Dmitry Medvedev）訪問國後島這件事曾造成話題。觀看當時的新聞照片，筆者不禁產生某種感慨。

　　正值冷戰頂峰的1980年代初期，遠東蘇軍曾公然談論要侵略北海道。負責道北防務的陸上自衛隊第2師團，遂以蘇軍入侵作為前提進行訓練，每天都得繃緊神經。

　　當時北方領土上的蘇軍僅駐紮1個師級部隊，他們**為了防範自衛隊入侵（？）**，於海岸設置了戰車碉堡。

　　人云：「俄羅斯這個國家，一旦取得領土，便絕對不會鬆手」。之所以會公佈梅德維傑夫總統站在戰車碉堡旁的照片，應該就是想要**明確展現俄國保衛領土的意志吧**？

位於千島群島俯瞰海上，於蘇聯時代設置的戰車碉堡
圖：TASS

第 6 章　從戰史分析戰術

▶北方領土概要

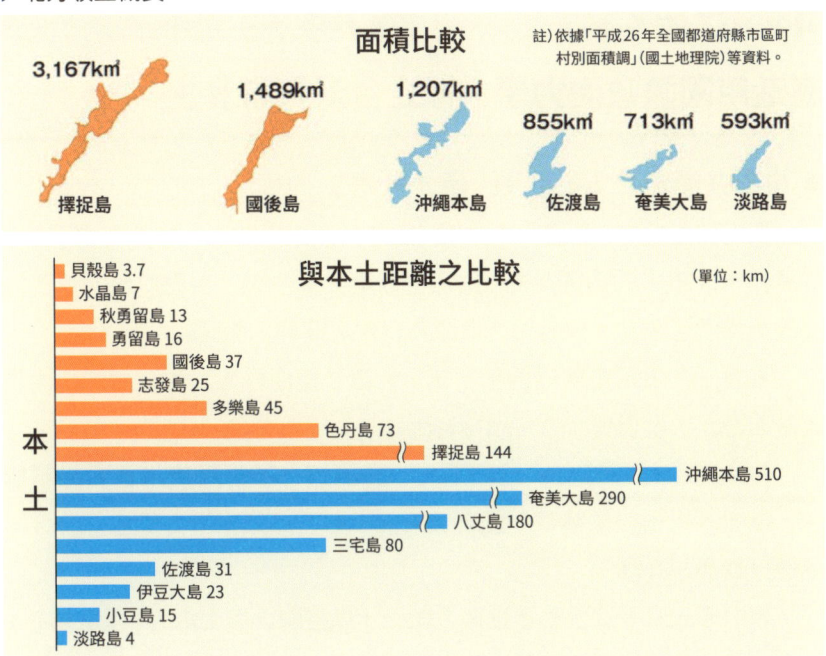

面積比較

擇捉島 3,167k㎡
國後島 1,489k㎡
沖繩本島 1,207k㎡
佐渡島 855k㎡
奄美大島 713k㎡
淡路島 593k㎡

註)依據「平成26年全國都道府縣市區町村別面積調」(國土地理院)等資料。

與本土距離之比較　　　(單位：km)

本土
- 貝殼島 3.7
- 水晶島 7
- 秋勇留島 13
- 勇留島 16
- 國後島 37
- 志發島 25
- 多樂島 45
- 色丹島 73
- 擇捉島 144
- 沖繩本島 510
- 奄美大島 290
- 八丈島 180
- 三宅島 80
- 佐渡島 31
- 伊豆大島 23
- 小豆島 15
- 淡路島 4

至今在擇捉島的西海岸仍留有戰車碉堡。這些戰車並無底盤，而是在混凝土砲座上安置配備 100mm TKG 的 T-54 戰車砲塔

6-30

假想戰史──台灣有事
應活用國際政治力學，抑止台灣有事發生

● **中國共產黨最大的悲願「統一台灣」**

西南諸島有200餘座大小島嶼，距離台灣東岸約110km的與那國島、位於其東北東方的尖閣諸島（釣魚台列嶼）與中國、台灣毗鄰。依其地緣政治學價值來看，很有可能會成為日中之間武力衝突的地點。

雖說中共聲稱希望能夠和平統一台灣，但由於大陸與台灣的政治體制差異過大，就現實而言可謂極為困難。

共產黨政權明確表示若和平統一有困難，**不排除使用武力強制統一**。這並不只是口頭威脅，就現實來看，解放軍以軍事力量進行的各種威嚇行動都在升級。

若中國政府下定決心發動武力統一，**以控制人與土地的「陸戰核心」**來看，最後勢必得要派出地面戰力登陸台灣，占領台灣全境。

就軍事行動而言，海上封鎖、飛彈攻擊、空襲、無人機攻擊以及其他各種手段都會列入想定，但最後還是不可避免派遣地面戰力（陸軍、陸戰隊）執行登陸作戰。

進攻台灣的登陸作戰屬於外線作戰，來自大陸的直線侵略為主攻，同時應該也會發動側方（北方、南方）及背後（東方）侵略。2022年8月4日至7日，為了抗議時任美國眾議院議長南西・裴洛西（Nancy Pelosi）訪問台灣，解放軍實施圍繞台灣的軍事演習，顯現侵台作戰的劇本。

● 尖閣諸島和與那國島是解放軍的眼中釘

若解放軍自北方或東北方侵略，尖閣諸島和與那國島的領海、領空就會對其形成阻礙。**就解放軍的立場來看，尖閣諸島和與那國島可說是相當礙眼**。侵略台灣與侵犯日本主權，是不可能畫出明確界線的。

就台灣的立場來看，日本尖閣諸島和與那國島的戰略位置，可說是防範解放軍自台灣側背發動侵略的屏障。

至於日本的立場，尖閣諸島和與那國島皆為日本固有領土，依據戰況，可能得進行國土保衛戰。與那國島屬於日本無庸置疑，但關於尖閣諸島，中國與台灣（中華民國）皆主張其所有權，這是有點微妙的現實。

▶西南諸島周邊簡圖

日本的西南諸島與台灣、菲律賓構成「第一島鏈」，是阻擋中國海軍進出太平洋的屏障

6-30

● 台灣分析的「中國攻台步驟」

　　2022年7月發表的《令和四年版防衛白皮書》,對於中國入侵台灣的步驟如下記述。依據該白皮書所言,**侵略台灣會分三階段進行**。

初期階段：中國以演習為名,於沿海地區集結部隊,同時發動「**認知戰**※」引起台灣內部混亂,並派出海軍艦艇於西太平洋集結,阻止外國軍隊介入。

第二階段：基於「由演轉戰」的戰略,火箭軍及空軍會發射彈道飛彈、巡弋飛彈,針對台灣重要軍事設施進行攻擊,同時讓戰略支援部隊對台灣的國軍重要系統實施網路攻擊。

第三階段：取得海空優勢之後,派出兩棲突擊艦與運輸直升機等實施登陸作戰,在外國軍隊介入之前控制台灣。

　　對於中國的這種動向,台灣採取的是「**防衛固守、重層嚇阻**」的**防衛戰略**,以戰鬥機、艦艇等主要裝備搭配非對稱戰力,構成多層防衛態勢,盡可能在遠方擋下中國侵略。

戰力防護：依靠機動、隱蔽、分散、欺騙、偽裝等手段,減低敵方先發制人的攻擊所帶來的損害,保全軍隊戰力。

濱海決勝：以航空戰力與配置於近岸的火力確保局部優勢,發揮聯合戰力阻絕、殲滅敵登陸船團。

灘岸殲敵：當敵登陸部隊及艦艇靠近海岸線,以陸、海、空兵力、火力及阻絕設施殲敵於泊地、灘頭,阻止敵軍登陸。

　　中國與台灣的軍事力量比較如**右表**,中國具壓倒性優勢。若雙方正式交鋒,勝負趨勢在開戰之前便顯而易見。在這樣的狀況下,台灣又該如何找出致勝機會呢？

※**認知戰**：**不靠戰爭奪取台灣的手段**。透過情報蒐集以及對基礎建設、系統發動網路攻擊,並藉由社群網站展開「三戰」(後述)、散播假訊息,以操作、擾亂一般民眾心理,讓台灣社會陷入混亂。

第 6 章　從戰史分析戰術

▶中台軍事力量比較

		中國	台灣
	總兵力	約 204 萬人	約 17 萬人
陸上戰力	陸上兵力	約 97 萬人	約 9 萬 4 千人
	戰車等	99/A 型、96/A 型、88A/B 型等 約 5,950 輛	M60A3、M48H 等 約 750 輛
海上戰力	艦艇	約 690 艘　約 236 萬噸	約 150 艘　約 21 萬噸
	航艦、驅逐艦、巡防艦	約 90 艘	約 30 艘
	潛艦	約 70 艘	4 艘
	陸戰隊	約 4 萬人	約 1 萬人
航空戰力	作戰機	約 3,200 架	約 470 架
	現代化戰鬥機	J-10 × 588 架 Su-27／J-11 × 327 架 Su-30 × 97 架 Su-35 × 24 架 J-15 × 60 架 J-16 × 292 架 J-20 × 200 架 （第 4、5 代戰鬥機 合計 1,588 架）	幻象 2000 × 54 架 F-16（改良 V 型）× 140 架 IDF 經國號 × 127 架 （第 4 代戰鬥機 合計 321 架）
參考	人口	約 14 億 2,000 萬人	約 2,360 萬人
	兵役	2 年	1 年

參考：《令和六年版防衛白皮書》（防衛省）

「看起來是在中台之間壓倒性兵力差距之下，力求消耗解放軍作戰能力阻止其登陸，並盡量拖住解放軍進攻，**為美軍介入爭取時間的想定**」，日本防衛白皮書是如此分析台灣的「防衛固守、重層嚇阻」戰略。

也就是說，中國攻取台灣與台灣防衛戰略是否能夠成功，**「關鍵因素」就在於美軍的早期介入**。

台灣的國軍的陸上戰力包含海軍陸戰隊約有 9 萬 4,000 人，有事之際，陸、海、空軍總共可以投入大約 166 萬人的預備役兵力。

台灣於 2022 年 1 月成立負責統籌預備役與官民戰時動員的「全民防衛動員署」，藉此加強有事之際的動員體制效率。

※本項主要依據《令和六年版防衛白皮書》。

6-30

● 武力統一的前哨戰早就已經開始

　　中國自 1971 年以降便開始主張尖閣諸島的所有權,雖然埋藏於東海的豐富海洋資源看起來是直接原因,但**中國的意圖卻也包含為近未來侵略台灣做戰略佈局。**

　　有事之際,便能以此為名,武力占領尖閣諸島——在中國主張的領土上配置武力——這實在是很有中國風格的長期眼光戰略,可說是**三戰(輿論戰、心理戰、法律戰)的具體實行。**

　　中國確實在執行孫子所說的(謀攻篇)**「不戰而屈人之兵」**策略,若一直袖手旁觀,那根本連仗都不必打,尖閣諸島便會落入中國囊中。

▶台灣國軍的配置

台灣本島四面都有佈防,各級司令部則位於以台北為中心的北部。鄰近大陸的馬祖、金門距離台灣本島過遠,是防衛上的弱點　　　　參考:《令和四年版防衛白書》(防衛省)

● 以三戰進行政治工作

> ● **輿論戰**──建立大眾與國際社會對中國軍事行動的支持，避免敵方採取違反中國利益的政策，以影響國內及國際輿論為目的。
>
> ● **心理戰**──透過對敵方軍人及支援軍方的文人進行抑制、衝擊、降低士氣的心理作戰，降低敵軍遂行戰鬥作戰的能力。
>
> ● **法律戰**──利用國際法與國內法獲得國際支持，並應付對中國軍事行動的預想反彈。
>
> ──日本《防衛白皮書》（平成21〈2009〉年版）

● 侵略台灣預演

2022年8月2日夜晚，遞補總統第二順位的美國眾議院議長南西・裴洛西無視中國警告，閃電訪問台灣，並於3日會見蔡英文總統。

中國對裴洛西議長訪台表示強烈抗議，並於8月4日至7日如次頁地圖，圍繞整個台灣實施包含實彈射擊的軍事演習。這場演習不僅有四枚短程彈道飛彈飛越台灣本島上空，甚至有五枚落入日本的專屬經濟海域（EEZ）。

台灣的國防部於6日表示解放軍的軍事演習是侵略台灣的「模擬演習」，在實施該演習的同時，台灣國內也遭到大規模網路攻擊與假新聞散播。

解放軍的這場演習僅省略由演訓轉戰爭的程序，完全就是「**中國攻台步驟**」的第二階段預演，且也顯示引發**台灣民眾恐慌的「認知戰」必與侵略戰爭不可分割**。

解放軍的圍台演習不僅是攻台預演，也是海上封鎖，是對台灣、美國、日本的露骨恫嚇。若讓此類演習常態化，不知哪一天就真的會突然從演習轉換為戰爭。對於日本來說，也必須認真了解事態的嚴重性。

6-30

▶解放軍設定的 2022 年 8 月 4 日至 7 日演習區

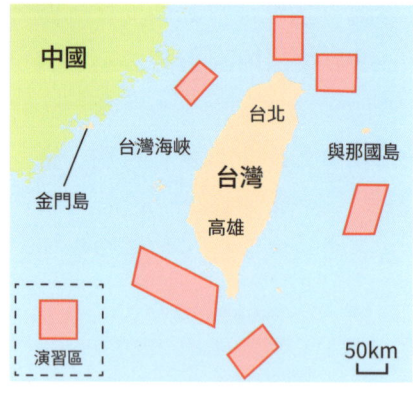

參考：新華社通訊發佈（8 月 2 日）

● **中國進攻台灣時，務求尖閣諸島和與那國島保持中立化**

對於中國而言的最佳劇本，是將先島群島納入掌控。次佳方案則是控制尖閣諸島和與那國島，至少也得拿下尖閣諸島，並讓與那國島保持中立。

這些**構想與日本立場顯然相互對立**。次佳方案的**控制尖閣諸島和與那國島中立化，就軍事常識而言，是中國決心對台發動武力侵略的條件之一**。有鑑於此，日本政府就必須得要具有足夠決心，絕對不容許中國將尖閣諸島用作軍事基地。

● 該如何避免事態發展至台灣有事？

始自 2022 年 2 月的烏克蘭戰爭，其中一項特徵是俄軍會毫不猶豫對烏克蘭的民間設施、產業設施等持續進行破壞。

其理由在於**烏克蘭軍並無手段對俄國境內進行反擊**。雖然美軍有提供高機動性多管火箭系統（海馬斯：HIMARS），但卻禁止烏軍對俄國境內射擊。

解放軍攻台之際，若中國（假設）對石垣島、宮古島發射飛彈，就現狀而言，日本並無對抗手段。除此之外，美軍是否會立即反擊也令人感到存疑。

若真如此，日本為**防範台灣有事的「必殺技」，就是持有能夠攻擊中國本土（例如北京）的飛彈**，並宣示一旦遭到先發攻擊，便會立即採取應對行動。實際具有嚇阻力的中程彈道飛彈（射程約 3,000km 以上至

256

5,500km 以內）或巡弋飛彈（射程約 1,000km 以上至約 3,000km 以內），就是日本迫切需要的武器。

尖閣諸島（沖繩縣）的魚釣島（釣魚台）　　　　　　　　　　　圖：石垣市

COLUMN 6 該如何與中國交流？
那個國家可不講「人性本善」

> 中國果然是有《孫子》、《韓非子》、《十八史略》這些學說的國家，他們的政治基本上都是基於這些來推動。（中略）關於這方面的事情，那個國家真可說是亙古不變。
> ——高坂正堯／著《現代史の中で考える》（新潮選書，1997 年）

　　國際政治學者高坂正堯在 1989 年 6 月 4 日發生天安門事件之後，便精闢點出中國共產黨政權的本質。若以日本的標準來衡量中國，必定會犯下非常嚴重的錯誤。

　　信奉「性善說」可說是日本人的美德，但卻也是弱點。在面對像中國這樣的國家，這不僅不管用，反而還會被瞧不起，且反過頭來被利用。日本應該捨棄自己若採友好態度，對方也會相對回應的幻想，轉換為更勝對手一籌的現實主義者。

1989 年聚集在北京天安門周遭的中國軍警與推擠的民眾　　圖：VOA

特別附錄

從戰略、作戰、戰術的觀點分析烏克蘭戰爭

在21世紀的今天，居然也會發生這種古典型侵略戰爭，實在是令人相當驚訝。2022年2月24日，俄羅斯地面部隊約19萬人自北、東、南3個方向朝烏克蘭展開軍事侵略。

俄軍的地面入侵在多個正面同時進行，分別從烏克蘭北部及東北部邊境朝向首都基輔、東部邊境朝向哈爾科夫（Kharkiv）、克里米亞半島朝向赫爾松（Kherson）、札波羅熱（Zaporizhzhia）、亞速海沿岸發起進攻。

普丁總統稱此軍事侵略為「特別軍事行動」，聲稱這「並非戰爭」。先不論他的強詞奪理，以武力進攻獨立國家，很明顯就是侵略戰爭，根本沒有辯解餘地。

在本稿執筆時（2022年8月下旬），主戰場已移動至東部與南部，但戰鬥仍舊持續，完全看不到結束的跡象。在此期間，烏克蘭的馬里烏波爾（Mariupol）等城市化為廢墟，並有大量民眾犧牲，令人見識到現代戰爭的破壞力與殘酷。

打仗是指揮官與指揮官的「意志衝突」，同時也是「信念鬥爭」。戰爭的勝負，要等普丁總統或澤倫斯基總統其中一方承認失敗才告底定。

時至今日，一般都會將戰爭的層級分為戰略層級（National Strategic Level）、作戰層級（Operational Level）、戰術層級（Tactical Level）。雖然難以掌握全貌，但若分成3個層級來看，多少就能看出其實際樣貌。美國陸軍準則《作戰》（FM3.0 *Operations*）將戰爭層級作以下定義。

戰略層級：國家領導人運用外交、情報、軍事、經濟等國家資源達成國家目標的階段。

作戰層級：將軍事力量戰術運用與國家目標、軍事目標加以結合的階段，是計畫、實施戰役（Campaign）的階段。在此層級，聯合部

隊指揮官會運用作戰藝術（Operational Art），下達決心設法達成軍事目標。

戰術層級：旅級戰鬥部隊等各戰術部隊為了達成賦予目標，運用戰術性技術與科學，進行計畫、準備、實行的階段。

戰略層級：國家決心開戰之時

　　國家領導人最大程度運用各種國家資源，努力達成國家目標，但尚未完全付諸軍事行動。是否發動戰爭，是攸關國家生死存亡的終極決心。
　　美國陸軍於 1973 年自越南完全撤退後，便徹底研究「越戰為什麼會打輸？」美國陸軍戰爭學院為此搬出《孫子》與《戰爭論》，將之化為溫

決心開戰的 3 項要件

1. 非利不動：若對國家戰爭目的沒有貢獻，不得行使武力。
2. 非得不用：若無取得軍事勝利的可能性，不得行使武力。
3. 非危不戰：若不是沒有其他應對手段，並且陷入危急存亡，不得行使武力。

——《孫子》火攻篇

伯格準則（《國防報告書》1986 年度）。
　　溫伯格準則將《孫子》的「決心開戰 3 要件」以更易理解的形式，轉換為國家使用武力的 6 項客觀、具體條件。
　　美國依據溫伯格準則，在波斯灣戰爭（1990 年 8 月～ 1991 年 2 月）派出美軍部隊進駐沙烏地阿拉伯。美軍透過 100 小時的作戰時間徹底擊敗伊拉克軍，達成解放科威特的戰爭目的。

261

> **使用武力的條件(要旨)**
> 1. 美國或同盟國遭受攸關存亡的國家利益威脅。
> 2. 為確實獲得勝利,須投入壓倒性戰力。
> 3. 明確制定政治目標、軍事目標。
> 4. 依據狀況調整戰力構成或作戰計畫。
> 5. 保證獲得輿論、議會的支持。
> 6. 派遣合眾國軍隊是最後手段。
>
> ——溫伯格準則

普丁政權於 2022 年 2 月 24 日對烏克蘭發動軍事侵略的意圖雖然不甚分明,但若套用《孫子》的「3 要件」與「溫伯格準則」則能窺見一斑。

● 普丁總統為何要發動戰爭?

普丁總統在**勝利紀念日(5 月 9 日)**的演說中,曾提到有關開戰的幾點。

「去年 12 月,我們曾主導締結安全保障條約。俄羅斯對西方諸國進行誠懇對話、摸索明智的妥協方案,以謀取相互國家利益。然而,這全都付諸東流。北約加盟國根本不把我們講的話當一回事」

「在**頓巴斯**(Donbas,烏克蘭東部地區)正公然進行懲罰性作戰的準備,策畫入侵包括克里米亞在內的我國歷史固有土地。**基輔**(烏克蘭政府)甚至還表示可能取得核子武器」

「北約加盟國積極在我國鄰近地區進行軍事發展,這對我們來說是絕對無法接受的威脅,但卻以有計畫、靠近邊境的方式實行」

「各種事項顯示與美國及仰其鼻息的**新納粹、班傑拉主義者**（反俄民族主義人士）的衝突已無可避免」

「我們眼睜睜的看著軍事基礎建設落成、數百人外國顧問開始活動，且**北約加盟國還定期提供最新武器**」

「危險與日俱增。俄羅斯該做的，是**防範侵略的先制對應**。這是必要且符合時機的**唯一正確判斷**」

● NATO 東擴的歷史

普丁總統視為威脅的北約東擴是事實，以下就來看看其脈絡。

NATO（北大西洋公約組織）與 WPO（華沙公約組織）的對立，在**柏林圍牆倒塌**（1989 年 11 月 9 日）、**東西冷戰結束**（同年 12 月 2～3 日馬爾他峰會）之後，實質上已經化解，由 NATO 陣營達成「不流血的勝利」。

隨著**蘇聯解體**（1991 年 12 月），原本構成蘇聯的共和國紛紛獨立，烏克蘭也是其中之一。華沙公約組織雖然已經消滅，但北約卻仍存在，且以前受蘇聯影響的東歐諸國也開始加入北約，使其直接與俄羅斯接壤。

NATO 加盟國的增加

1999 年：波蘭、捷克、匈牙利
2004 年：保加利亞、愛沙尼亞、拉脫維亞、立陶宛、羅馬尼亞、斯洛伐克、斯洛維尼亞
2009 年：阿爾巴尼亞、克羅埃西亞
2017 年：蒙特內哥羅
2020 年：北馬其頓

蘇聯解體前的加盟國為 16 國　　　　　包含 1999 年以降的 14 個加盟國，共有 30 國

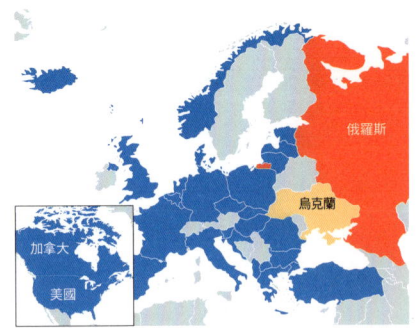

● 對安全保障很敏感的俄羅斯

普丁總統以前就將北約東擴視為對俄羅斯的威脅，因此當烏克蘭總統澤倫斯基提出想要加入北約時，便等同於採到他的最後底線。

普丁總統說的「為防範侵略的先制對應，這是必要且符合時機的唯一正確判斷」備受矚目。

俄羅斯這個國家總是認為本國領土四周都被包圍，並且受到壓迫，有很強的被害者意識。因此一直以來都有堪稱過剩的安全意識、防衛意識，對於安全保障問題極度敏感。

侵略烏克蘭被說成是獨裁者普丁的獨斷，雖然這種說法無法否定，但基於俄羅斯民族過剩安全意識的這點卻也是事實。

普丁總統 5 月 9 日的演說雖然不全然都是事實，但也充份反映出他對北約東擴的危機感。然而，要說這種危機感與開戰目的有直接關連，卻還是值得商確。

在俄羅斯意圖把侵略烏克蘭正當化之時，芬蘭與挪威於 5 月 18 日一起申請加入北約，並於 6 月 29 日獲得北約峰會通過，事實上已確定加入北約。

特別附錄　從戰略、作戰、戰術的觀點分析烏克蘭戰爭

　　芬蘭與俄羅斯有 1,300km 邊境接壤，過去也曾 2 度對蘇作戰，分別為第一次蘇芬戰爭（冬季戰爭）與第二次蘇芬戰爭（繼續戰爭）。第二次蘇芬戰爭時，納粹德國也加入對蘇作戰，而芬蘭最後則承擔割讓領土的苦果。

　　若先制阻止北約東擴是侵略烏克蘭的真正目的，**那打烏克蘭這叢「草」而驚到芬蘭與挪威加入北約的這條「蛇」，便是普丁政權的誤算、失態**，可說是自己掐住了政權的脖子。

　　俄羅斯的軍事侵略應該還有**其他理由**。佐藤優在 10 年前就曾斷言，若烏克蘭決定加入北約，那麼「俄羅斯必然發動軍事侵略」。其理由在於「俄羅斯的太空產業、軍工產業現在仍與烏克蘭不可分割，若武器的秘密全部被北約掌握，那麼俄羅斯就會失去其軍工市場」（佐藤優、手嶋龍一／著《動亂の情報》新潮社，2012 年）。北約東擴與俄羅斯的安全保障問題，雖然最後搞不好還是得靠戰爭作為解決手段，但基本上應該還是設法以外交解決為優先。

● 俄羅斯與烏克蘭的軍事力、經濟力、國際輿論

　　以下是參考國際政治學者 E. H. 卡爾（E. H. Carr）在其著作（《二十年危機》*The Twenty Years' Crisis 1919-1939*），歸納出俄羅斯與烏克蘭在**軍事力、經濟力、掌控意見之力（國際輿論）**這 3 個方面的實力平衡。

軍事力

　　已經超越俄羅斯與烏克蘭的框架，逐漸演變為俄羅斯與北約的對立。美國決定的「武器租借法」也可能產生決定性影響。

經濟力

　　EU（歐盟）與 G7（七大工業國）的經濟制裁，必定會對俄羅斯經

濟造成重大打擊,若制裁時間拉長,俄羅斯國民是否能夠忍受便是根本問題。

國際輿論

這方面堪稱是資訊戰,對烏克蘭較為有利。在現今這個資訊化的時代,要在國內進行訊息管制有其極限,各種事情馬上就會暴露於國際社會。

孫子、溫伯格準則以及 E. H. 卡爾的 3 項分類雖然稱不上是普遍性基準,但卻能為分析俄軍侵略烏克蘭提供參考。

作戰層級:達成軍事目標

作戰層級是聯合部隊指揮官將軍事力量的戰術運用與國家目標、軍事目標做出連結的階段,藉由達成軍事目標來達到國家目標。

若只關注戰術層級,便無法看清作戰、戰役的全貌,但若注視作戰層級,便能以更廣闊的角度來掌握戰爭實態。

這本【完全版】的重點之一,就是第 2 章新增的 10 項「作戰藝術構成要素」,以下就讓我們透過其中幾項來分析烏克蘭戰爭的現狀。

● **所望戰果與條件**

傳統「作戰原則」中的「目標原則」,是所有軍事行動的原動力。主宰作戰的指揮官,必須設定明確定義、毫無疑問,並且可能達成的「**所望戰果(End State)**」作為作戰目標,而各種行動都將指向這個目標。

入侵烏克蘭的俄軍作戰目標雖不明確,但與「所望戰果與條件」加以比對,可推測如下。

特別附錄　從戰略、作戰、戰術的觀點分析烏克蘭戰爭

● **俄羅斯（普丁政權）的國家目標**

　　打倒烏克蘭當前政權（澤倫斯基總統），成立親俄傀儡政權，阻止烏克蘭加入北約，讓其充當與北約的緩衝區。

● **入侵當時的軍事作戰目標**

　　為了確立打倒當前政權的態勢（目的），具體軍事目標可能有以下 3 點。

　　① 以壓倒性軍事力量進行威嚇
　　② 占領烏克蘭首都基輔
　　③ 粉碎烏克蘭軍抵抗意志

　　雖然還不能確定，但就現實而言，②與③並未達成。因此軍事作戰目標在展開侵略 2 週之後，已轉換為「**占領烏克蘭東部的頓巴斯地區**」。

● **如何連結國家目標與軍事目標**

　　國家決心發動戰爭時，國家目標與軍事目標的連結，通常會透過聯合作戰司令官擬定的「作戰計畫」具體呈現。而觀看這場戰爭的進度，不禁會讓人產生「俄羅斯在戰爭準備期間，真的有認真進行狀況判斷與決策嗎？」的疑問。

　　開戰當初，俄軍自北、東、南 3 個方向發動侵略，但卻沒有統一指揮 3 個正面所有部隊的總司令官。這便無視「**指揮統一的原則**」，沒有「**軍事作戰司令官**」**負責連結軍事力量戰術運用與國家目標、軍事目標**。

　　俄軍於 5 月 6 日自基輔周邊（北正面）完成撤退，並緊急任命統籌所有部隊的司令官，將重點轉至頓巴斯地區（東正面）。

　　俄羅斯（暫時性或全面性）放棄「打倒澤倫斯基政權」這項政治目

267

的，將目標轉換為比較現實的占領烏克蘭局部國土，應該也是迫不得已的吧⋯⋯。

雖然無法預判戰爭推移，但短期來說，俄軍可能會以占領烏克蘭東部與南部作為軍事勝利。然而，以中、長期觀點來看，俄羅斯不無可能再度陷入冷戰末期的經濟崩潰狀態，重蹈1991年蘇聯解體的覆轍。

入侵烏克蘭的俄軍，看起來並沒有把「所望戰果（End State）」設定為具體作戰目標，並讓各種行動都指向這個目標。

根據一些報導，普丁政權原本是預想要在3天至1週之內占領基輔，達成軍事作戰目標，這實在是過於樂觀。

● 與拿破崙遠征莫斯科（1812年）的類同

真要說起來，「阻止烏克蘭加入北約」這項政治目標與軍事侵略的連結，其實有著根本性的疑問。戰爭爆發時，筆者首先想到的是**拿破崙遠征莫斯科的失敗**。

拿破崙的政治目標是要讓俄國沙皇嚴守「大陸封鎖令」，並期待透過**殲滅俄國野戰軍（軍事目標）達成這個目標。雖然後來將軍事目標改成占領莫斯科**，但就結果來看，軍事目標與政治目標並未達成連結。

俄羅斯以慘重犧牲挺過「祖國保衛戰」，擊退了拿破崙軍。遠征莫斯科的失敗，也成為拿破崙隕落的契機。

普丁總統雖然為了打倒澤倫斯基政權而發動軍事侵略，但烏克蘭由總統帶頭一致團結，徹底抵抗侵略軍。雖然戰爭趨勢尚未明朗，但普丁總統不無可能會重蹈拿破崙的覆轍。

● 俄軍當初的侵略為典型外線作戰

一如 **2-5** 的解說，作戰線分為內線與外線兩種形態。

內線作戰是弱者戰法，將部隊集中於中央，以較短作戰線讓部隊迅

速機動、依序應對。

外線作戰是強者戰法，部隊會從多個方向同時往敵軍部隊集中，最終將之包圍殲滅。

2月24日，俄軍地面部隊自北、東、南3個方向開始入侵烏克蘭，光從圖上來看，這是屬於典型的外線作戰。

遭受侵略的烏克蘭軍，必然只能採行內線作戰。內線作戰的原則，在於優先處理最危險的正面，此時其他正面只能分配最低限度戰力。

烏克蘭軍與俄羅斯軍相比，烏軍位居壓倒性不利是事實，但他們卻相當善戰（超乎預期），使局部得以呈現優勢作戰。

烏克蘭已經預料俄軍會入侵，因此有做事前準備，且總統也帶領國民一致團結，再加上**來自歐美國各國的軍事支援（提供武器、情報等）**，這些都有發揮功效。

烏克蘭軍按照內線作戰原則，將戰力優先集中至距離首都基輔最近的北部（距白俄羅斯邊境180km）進行激烈抵抗，最終得以擊退侵略軍，於5月6日逼迫俄軍完全撤退。

戰鬥的樣貌已超越烏克蘭對俄羅斯兩者之間的範疇，逐漸演變成為北約對俄羅斯的形態。只要北約持續提供支援，烏軍的內線作戰應該就不會斷炊。

2月24日，自北、東、南3個方向入侵烏克蘭的19萬餘俄軍外線作戰，在**形式上會令人想起第二次世界大戰時期蘇軍的包圍殲滅戰（莫斯科、列寧格勒、史達林格勒解圍、入侵滿州等）**。

外線作戰的特色，在於剛入侵時各部隊之間無法相互支援，隨著戰況推進，各正面部隊不無可能會被各個擊破。

外線作戰的本質，在於迅速完成包圍，然後統一發揮綜合戰力。為此，各正面的挺進速度就必須要快，以迅速完成包圍網。

然而，**俄軍的外線作戰事實上卻是「紙老虎」**，於主攻正面挺進首

都基輔的北正面部隊特別陷入苦戰。事實上，這支正面部隊撐不到 2 個禮拜，便於 5 月 6 日被迫自基輔周邊完全撤退。

● **到達極點（戰略、作戰、戰術）會發生什麼事？**

一如 **2-8** 所述，戰爭在各個層級都會產生極點。那麼，在各層級到達極點時，又分別會發生什麼事呢？

戰略層級：難以持續戰爭，國家領導人被迫下達停止戰爭（終戰）的決心。太平洋戰爭時日軍失去塞班島的時候便是一例。

作戰層級：就攻方來說，會從攻勢作戰轉為守勢作戰；以守方來說，會從守勢作戰轉為攻勢作戰，**在戰局上出現攻守交換的情況**。第 4 次中東戰爭的以色列軍就是最佳範例。

戰術層級：攻擊部隊**轉為防禦或停止攻擊**，防禦部隊將**被迫放棄陣地撤退，或被擊潰**。

克勞塞維茨曾云：「在國土內部自發性後退的防禦，是最大限度發揮防禦優勢的強大防禦法」（《戰爭論》第 6 篇）。

克勞塞維茨所說的防禦，是指取得「承受」攻擊與「反擊」的平衡。至於轉為猛烈反擊，則堪稱「防禦最是大放光彩之時」，這也就是所謂的**攻勢防禦**。

他所說的防禦，同時包含戰術行動上的防禦與守勢作戰，拿破崙遠征莫斯科時俄軍的反擊就令人印象深刻。

北正面（首都基輔方向）的俄軍已經到達戰術層級極點，因此只能停止攻擊、全面撤退。即便如此，**東～南正面的戰線仍舊綿延 1,000km**

（相當於東京～下關距離）。

　　就作戰層級而言，只要美國與北約各國能持續提供裝備，烏克蘭軍有朝一日不無可能與俄羅斯軍攻守交替。在不久的將來，可能會出現烏軍轉為攻勢，逼迫俄軍採取守勢的局面也說不定。

> 　　守方會在己方領土內沿著補給線後退，而攻方只要持續前進，補給問題就會越來越嚴重，不僅戰鬥力減弱，周圍環境也充滿敵意。這種狀況持續下去，攻方的戰力就會削弱至極限，當守方蓄積力量至最大限度時，攻方與守方的優勢就會逆轉。對於這個瞬間，克勞塞維茨稱為「極點」，而這正是抽出利刃展開報復反擊之時。而戰略家最大的能力，就在於是否能夠精準看出這個瞬間的到來。
>
> ──麥可‧霍華德（Michael Howard）／著、奧山真司／監譯
> 《クラウゼヴィッツ「戦争論」の思想》
> （Clausewitz: A Very Short Introduction）（勁草書房）

戰術層級：21 世紀的散兵戰

　　「戰鬥在烏克蘭戰場上是如何進行」──關於戰鬥方面，可信賴的具體情報資料並不充足。雖說如此，參考媒體報導的文章、影片、照片等，仍能窺見迷霧中的些許戰鬥樣貌。

　　遭到破壞、砲塔噴飛、奇慘無比的俄軍戰車相當常見。距離波斯灣戰爭已過了 30 餘年，但在 100 小時地面作戰（沙漠風暴行動）被擊毀的伊拉克軍戰車（蘇聯造）光景，彷彿又在烏克蘭重新浮現。

　　戰車中彈之後砲塔會噴飛，是俄、蘇製造的戰車構造上的致命缺陷。

波斯灣戰爭時美軍是以 M1 戰車擊毀，但在烏克蘭的城鎮與原野，則是靠反戰車飛彈（標槍、卡爾‧古斯塔夫）或自爆無人機等武器裝備摧毀戰車。

俄軍準則繼承自圖哈切夫斯基將軍（Mikhail Tukhachevsky）確立的**縱深作戰理論（Deep Operation 縱深突破理論）**，這套理論的內容包括**全縱深同時打擊、包圍殲滅戰、重視火力、發揮裝甲機動力、空地協同等，具備現代化裝甲戰特色**，但承襲衣缽的俄軍在訓練程度上卻未達到足以遂行「縱深作戰理論」的程度。

烏克蘭基輔近郊的布查鎮的主要幹道，軍人正在檢視被摧毀遺留在現場的俄軍戰甲車
圖：President of Ukraine

作戰與戰役,是由雙方野戰軍相互對峙,不斷展開攻防,但在烏克蘭戰場上卻不是這樣。理應被包圍殲滅的烏克蘭軍並無固定陣地,俄軍再怎麼攻擊都只是白費力氣,且不斷付出犧牲。

那麼,就現實問題來看,烏克蘭軍又是怎麼從事防禦作戰的呢?

有烏克蘭軍士兵在新聞影片中表示:「**俄軍是用第二次世界大戰的戰術在打仗,我們則以 21 世紀的戰術作戰**」,可藉此窺見烏克蘭軍是如何作戰。

雖然有點個人主觀判斷,**但我認為烏克蘭軍的作戰方式,有點像拿破崙採用的「散兵」戰術**。

烏克蘭軍並無固定防禦陣地,而是讓攜帶反戰車飛彈或防空飛彈的散兵分散至廣大區域,神出鬼沒攻擊俄軍戰車、步兵戰鬥車、飛機等。

散兵參考自獨立戰爭(1775 年～1783 年)期間的美國義勇兵(Minuteman),面對基本上呈橫隊密集隊形作戰的英國正規軍,義勇兵會各自分散隨處開火,採用看似卑劣的作戰方式(散兵的本質)。

以毛瑟滑膛槍(有效射程約 200m)自由射擊的「散兵」,在拿破崙頗具特色的「縱隊突擊」戰術中運用於輕步兵奇襲。

烏克蘭軍攜帶反戰車飛彈與防空飛彈的步兵就好比拿破崙軍的散兵,搞得固著於「縱深作戰理論」定型作戰方式的俄軍團團轉。

> 拿破崙軍的戰鬥,可大致歸納為在全線進行局部攻擊,藉此擾亂敵軍,並將敵軍釘在該地使其無法動彈。這樣做是要讓人無法分清攻擊重點正面,將敵軍的第一線切碎分斷。一旦敵軍陷入混亂,散兵就能發揮作用。
>
> 這種作法奏效之後,主力部隊發動攻擊的時機便將成熟,拿破崙會選擇具決定性的攻擊地點,讓野砲在戰場上機動,集中至決定性正面。於此同時,也會在野砲後方配置負責打擊的

精選部隊。

進行這些調動的時候，**散兵會以自由射擊破壞敵軍密集隊形的平衡**，並提早讓預備隊加入戰鬥。這樣的攻擊會變成逐次加入戰鬥，部隊只能分成小股進行各別攻擊。

野砲會一齊推進至毛瑟滑膛槍的射程內，對敵密集步兵以散彈※直接瞄準射擊，在敵第一線打開破口。（※散彈：Canister。有效射程 300～500m）

同時，早已準備就緒、蓄勢待發在旁待機的新銳步兵部隊會傾全力與騎兵預備隊（龍騎兵、重騎兵）一起衝向敵陣。

形成突破口之後，突入縱隊（步兵、騎兵）會向左右展開，追逐敵軍戰線，並且驅散殘兵讓其瓦解（擴大突破口）。接著再讓第 2 波突入，對各處發動攻擊。確信步兵及砲兵獲得勝利之時，便讓輕騎兵投入戰場進行追擊。

──拙著《ナポレオンの軍隊》（光人社 NF 文庫）

美國陸軍提供的**標槍反戰車飛彈**最大射程 2,000m，為單兵攜行的「射後不理式」武器，且具備頂攻能力。標槍飛彈發射後會先上升至 160m，然後自正面、側面裝甲比較薄的戰車砲塔頂部衝向目標。

雖然**各種無人機**也發揮很大的效果，但操作標槍飛彈與無人機時都必須先靠近攻擊目標才行。關於這點，烏克蘭軍則將居民合作（提供位置情報等）這項國內作戰優勢作最大限度活用。

烏克蘭透過積極傳播訊息的方式，獲得不分官方和民間的外部支援。除此之外，許多有志之士也逕自組織**對俄羅斯進行網路攻擊的「網軍部隊」**，在資訊、媒體、網路等領域，相較於俄羅斯保持著優勢地位。

美國企業應烏克蘭政府要求提供的民間尖端技術「衛星網際網路服務」除了用於烏克蘭國民的通訊手段，也能**為軍方的無人機運用提供幫**

助。

　　烏克蘭軍的刺針等防空飛彈也是讓俄羅斯野戰軍難以施展的原因之一，機動戰必須要有密接空中支援（戰鬥轟炸機、攻擊直升機等），但俄軍卻未能確保空中優勢。

● **標槍飛彈、無人機、刺針飛彈的「極限」**

　　那麼，烏克蘭軍的 21 世紀型散兵戰是否能對阻擋俄軍侵略發揮關鍵作用呢？

　　答案是否定的。21 世紀型散兵戰只不過是防禦的一種形式，而**防禦主要著重於「粉碎敵軍攻擊」，而非「殲滅敵軍」**。烏克蘭戰爭是俄軍入侵烏克蘭國土，若只粉碎俄軍攻擊，是無法奪回失地的。**到了最後，還是得設法擊潰俄軍，將之趕出國境。**

　　以第 1 階段的守勢作戰（防禦）粉碎俄軍攻勢（攻擊），於第 2 階段轉為攻勢（攻擊）擊潰俄軍，最後透過戰場追擊將俄軍趕出國外，國土防衛作戰才能告一段落。

　　日本有些媒體和評論人士主張「烏克蘭應舉白旗停戰」，但在俄軍侵略途中宣告停戰，就等於是把烏克蘭的部份國土拱手讓人。

　　的確，若能及早停戰，便能拯救國民生命，避免民間設施遭到破壞。然而，這卻也會帶來**放棄堅守領土**的**「國家尊嚴」**這個大缺點。

FGM-148 標槍反戰車飛彈。美軍提供的標槍飛彈在烏克蘭戰爭擊毀大量俄軍戰車

圖：美國陸軍

▶標槍飛彈頂攻時的飛行軌跡

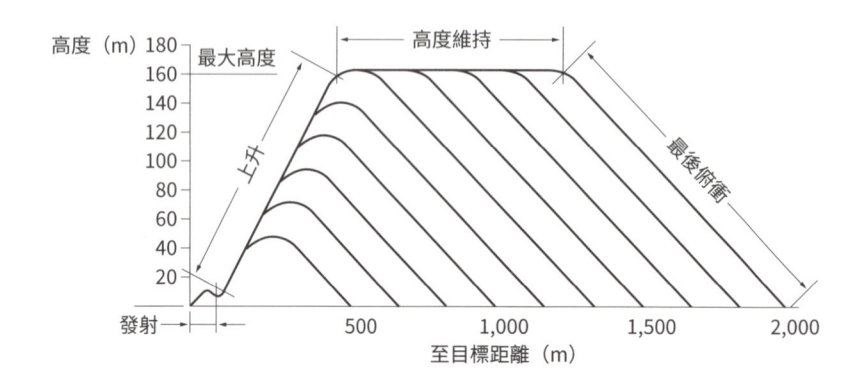

像這種主張，只是選擇眼前的一時安逸，雖可迴避當面危機，但卻沒有直視國土防衛戰的本質，只能說是一種短淺的發想。

在國土遭受侵略、國民生命財產出現損失時，最痛苦的莫過於澤倫斯基總統了，實在無法想像他到底有多難過。在面對最糟的情況時，才能考驗領導者的真正價值。

澤倫斯基總統對於國際社會——特別是美國與北約——再三要求「**現在需要的是戰鬥機、戰車、榴彈砲**」，這代表的是什麼意思呢？

烏克蘭的戰爭目的在於規復遭到侵占的國土；先以守勢作戰粉碎俄軍的攻勢，接著轉為攻勢作戰，最後收復失土。

而能**轉為攻勢作戰的關鍵，就在於「戰鬥機、戰車、榴彈砲」**。標槍飛彈與刺針飛彈等單兵攜行的飛彈（輕兵器）雖然在守勢作戰中大放異彩，但攻勢作戰的主角卻是重兵器。

澤倫斯基總統正是因為充份理解這一點，且為明確表達收復失土的堅強意志，才向美國等友好各國家要求提供戰鬥機、戰車、榴彈砲等支援。

美軍提供烏軍的高機動性多管火箭系統 **M142 海馬斯（HIMARS）**從 2022 年 7 月開始大顯神威，海馬斯配備 6 枚 227mm 火箭彈，射程約 80km，且還能發射射程 300km 的地對地「陸軍戰術飛彈系統（ATACMS）」。反觀日本，因為眼看標槍等飛彈的活躍，居然基於經濟效益觀點出現戰車無用論等意見，簡直就是典型的軍盲發想。

美軍提供的 FIM-92 刺針攜行式防空飛彈,這是俄軍無法取得空中優勢的原因之一
圖:美國陸軍

高機動性多管火箭系統 M142 High Mobility Artillery Rocket System(HIMARS,海馬斯)
圖:美國空軍

國土防衛戰的本質

澤倫斯基總統於 5 月 21 日表示,「**若能透過戰鬥將俄軍推回 2 月發動侵略之前的位置,對我國而言就是勝利**」,他的發言可說是直接切入國土防衛戰的本質。

也就是說,領土遭到侵犯的國家,在奪回失土之前,都得持續執行國土防衛戰。**烏克蘭軍自美國與北約接收戰車、榴彈砲、海馬斯等必要攻擊裝備,揚言要從守勢作戰轉為攻勢作戰。**

就入侵俄軍的立場來看,若讓烏軍收復失土,就代表普丁總統主張的「特別軍事行動」宣告失敗,而「究竟為何對烏克蘭發動軍事侵略」將會被嚴加問責。

澤倫斯基總統甚至還提及要規復 2014 年 3 月 18 日被俄羅斯片面併吞、實質控制的克里米亞半島。假設烏軍的攻勢作戰觸及克里米亞半島,俄烏之間就有可能爆發新的戰爭。

澤倫斯基總統說的「2 月發動侵略前的位置」,是未來停戰交涉的「妥協點」,而關於克里米亞半島的處理,則有可能會成為他手上的王牌。

烏克蘭雖然是軍事小國,但軍事小國若能獲得「不允許以霸權國家之力片面改變現狀」的國際社會支持與支援,依然有辦法打國土防衛戰。

雖然國際社會的支持與支援對烏克蘭而言不可或缺,但前提仍是烏克蘭國民得要具備本國防衛意志與行動。

日本的岸田政權相當積極對烏克蘭提供支援,其背景在於日本周邊存在許多「實力信奉者」,一旦有事之際,希望也能獲得西方諸國的支援。

日本的西南諸島一旦有事，無非得要從海外獲得支持與支援。雖說如此，也**不能全部仰賴他人**，「**日本人自己保衛本國領土**」的意識形成**與相關體制整備皆為當務之急**。但在此之前，則必須大幅扭轉過剩的幻想和平主義。

烏克蘭某種程度上預估會進入長期戰，之所以能夠表明堅持打到收復失土的意志，是因為烏克蘭國民有保家衛國的意志與決心，且國家也備便反擊體制。

烏克蘭戰爭是國家高層之間「意志與信念的作戰」，在俄羅斯與烏克蘭總統其中一方承認失敗之前，戰爭都會繼續打下去。

日本並無動員制度，一旦出現狀況之際，即便自外國獲得飛彈等裝備，也沒有預備隊能將之形成戰力發動反擊，想要建構新的部隊也於法無據。

烏克蘭戰爭絕非隔岸觀火。對於實力信奉者們而言，道德勸說是形同虛設。烏克蘭戰爭具體教導我們，在這世上存在以往認為的「常識」實際上「並非常識」的異次元世界。

● 狹義專守防衛的現實

烏克蘭的作戰方式屬於典型的「專守防衛」；烏克蘭戰爭始於俄軍侵略，戰場也侷限於烏克蘭境內。

俄軍入侵經過半年後，烏克蘭的民間設施、產業設施、住宅區等都遭到無差別破壞，有些城市甚至化作瓦礫，烏克蘭一般民眾的損失相當慘重。

相對於此，國境接壤的俄羅斯本土卻幾乎沒有受到損害。其理由在於烏軍並未具備能夠真正攻擊俄國本土的手段，有鑑於此，**俄軍便能肆無忌憚持續在烏克蘭境內進行破壞。**

雖然美國提供的高機動火箭砲系統（海馬斯）有發揮威力，但美國卻禁止烏軍對俄國境內射擊。

特別附錄　從戰略、作戰、戰術的觀點分析烏克蘭戰爭

　　俄羅斯揚言一旦本國遭到侵襲，不排除使用「戰術核武」，這不僅是在威嚇烏克蘭，對美國與北約各國也能發揮嚇阻力。

　　一如前述，俄羅斯這個國家，長久以來一直對本國的安全保障極端過敏。普丁總統之所以下定決心入侵烏克蘭，無非就是要在烏軍具備能夠對俄國境內發動攻擊的手段（能射到莫斯科的短程彈道飛彈等）之前，先下手為強打垮烏克蘭。

　　即便烏克蘭能打贏國土防衛戰，將入侵俄軍推回國境之外，烏克蘭國土也只會剩下眾多犧牲者與成堆瓦礫。

　　烏克蘭戰爭的現狀，冷酷顯示在**欠缺讓俄國猶豫、躊躇於採取發動侵略的防備之下，純粹防禦態勢（專守防衛）實際將會是怎樣的樣貌。**

● 何謂真正的專守防衛？

　　「專守防衛」是日本所奉行的國策，但其內容為「若遭敵人攻擊則當即反擊，但對敵根據地的攻擊則委由美軍執行」，完全只是倚靠他人。

　　會遭到攻擊的，當然就是日本本土。即便當即展開反擊、收復遭占失土，剩下的卻也只是殘破焦土，攻方根本不痛不癢。烏克蘭的現實，已經具體證明了這一點。

　　最近「把『敵基地攻擊能力』改稱為『反擊能力』」的議論正在進行，這真是令人感到「現在才會想到喔」。對比烏克蘭戰爭的現實與日本周邊的嚴峻現狀，這種落差實在是太不進入狀況了。

　　真要說起來，以本土作為戰場的防衛構想，就軍事合理性而言根本就是最差勁的選項。不讓戰禍殃及國土，才是國家防衛的重點所在。

　　那麼，「專守防衛」究竟又該如何呢？

　　以結論而言，**具備實際効用的「嚇阻力」便是解答**。備便讓對象國實際感受「若攻擊日本就會嘗到苦頭」的防衛力（能力），宣告一旦有事，**對象國也會遭受同等損失（意志）**，如此才能防範侵略於未然。

嚇阻力包括從核子武器到網路空間、電磁頻譜領域等科學範疇，先不論將來的選項如何，**眼前最吃緊的課題就是及早取得巡弋飛彈、彈道飛彈等裝備。**

　當面尚可仰仗美國的核保護傘構成核嚇阻，但日本仍應活用火箭技術（例如將北京、平壤納入射程）發展彈道飛彈等。**目的並非先制攻擊，而是粉碎對象國領導人的「侵略意志」。**

　從烏克蘭戰爭的現狀，我們可以學到以下幾點；第一是「不能讓國土淪為戰場」，第二是一旦遭受侵略，首相必須效法澤倫斯基總統，臨陣當先擊退侵略者。首相「是否有這種覺悟」，就是最受考驗的事情。

　對於蓄意將飛彈射入 EEZ（專屬經濟海域）的行為，僅以「遺憾砲」這種空包彈反擊，根本就沒有任何效果。日本的軍事力並未成為外交的靠山，為了讓對象國能在發動侵略前產生猶豫，日本必須加緊腳步整備軍事實力。

　日本當以烏克蘭戰爭作為他山之石，脫離以往獨特的幻想式和平思想，建立具實際効用的**嚇阻力**，才能迅速可及地確立真正的「專守防衛」態勢。

特別附錄　從戰略、作戰、戰術的觀點分析烏克蘭戰爭

參考文獻

美國陸軍野戰準則 FM3-90 *TACTICS*（2001 年）
美國陸軍野戰準則 FM3-0 *OPERATIONS*（2017 年）
美國陸軍野戰準則 FM3-90.6 *BRIGADE COMBAT TEAM*（2015 年）
美國陸軍野戰準則 FM5-0,C1 *THE OPERATIONS PROCESS*（2011 年）
美軍聯合準則 JP3-0 *JOINT OPERATIONS*（2018 年）
美國陸軍準則參考書 ADRP3-0 *OPERATIONS*（2019 年）
美國陸軍野戰準則 FM6-0 *COMMANDER AND STAFF ORGANIZATION AND OPERATIONS*（2014 年）
其他各種野戰準則

J.F.C. 富勒／著，*The Foundations of the Science of War*（1926 年）
幹部學校記事編さん委員會／編《師団の解說》（陸上自衛隊幹部學校修親會，1968 年）
戰理研究委員會／編《戰理入門》（田中書店，1969 年）
幹部學校記事編さん委員會／編《師団兵站概說》（陸上自衛隊幹部學校修親會，1970 年）
幹部學校記事編さん委員會／編《野外令第 1 部の解說》（陸上自衛隊幹部學校修親會，1968 年）
陸戰學會／編《戰理入門》（陸戰學會，1996 年）
戶高一成／編《秋山真之戰術論集》（中央公論新社，2005 年）
防衛省／編《防衛白書》各年度版
各機關網站等公開資料

木元寬明／著《陸自教範「野外令」が教える戰場の方程式》（光人社，2011 年）
木元寬明／著《自衛官が教える「戰國、幕末合戰」の正しい見方》（雙葉社，2015 年）
木元寬明／著《戰術學入門》（光人社，2016 年）
木元寬明／著《戰爭と指揮》（祥傳社，2020 年）
木元寬明／著《戰術的名著を讀む》（祥傳社，2022 年）
木元寬明／著《戰車の戰う技術》（SB クリエイティブ，2016 年）
木元寬明／著《機動の理論》（SB クリエイティブ，2017 年）
木元寬明／著《氣象と戰術》（SB クリエイティブ，2019 年）

索引
（筆畫順序）

BMNT	76、77	非對稱戰	28、252
CBRN	73、85、92、159	品川台場	200
CCIR	78、80、81、161	指揮機能封殺戰	104
D 型中戰車	208、209	紅軍	170
EEI	78	紅軍野戰準則	126、212
EENT	76、77	重要因素	172
FBCB2	84、102、103	夏塞波步槍	66
IMINT	83、84	捆束戰法	214
MASINT	85	浮動狀態	45、126、128、129、150、151
OSINT	82	海馬斯	256、277～280
ROE	32、56	特定需求式	154、155
SIGINT	84	陣外決戰	110、111、115、127
TECHINT	85	馬倫戈戰役	44、45
TLP	182	副旅長	158、159、161、162、172、174
一翼包圍	112、113	基本教練	30
人員情報	82、83、181	基地、營區	62
八國聯軍	206、207	終昏攻擊	76、77
中國攻台步驟	252、255	野外令	16、20、26、42、126、217
內線作戰	52、53、133、238、239、268、269	雪橇	214
天安門事件	258	單縱隊	205
天明	77	無人機	27、272、274、275
水陸兩棲作戰	15、29	溫伯格準則	37、261、262、266
外線作戰	52、53、222、250、268、269	溫蓋特突擊隊	224
地利之便	110、134	補給幹線	91、92
米納德園	196、197	預備 MSR	92
自走攻城迫擊砲	106、199	滲透路徑	120、121
作戰要務令	42、72、126、144、217	標槍飛彈	123、272、274～277
兵棋推演	161、170、171	黎明攻擊	77
完全包圍	112	戰力維持旅	88、89
攻擊 3 倍	118	戰鬥心輔官	98
步兵隊	202、203	機動打擊力	136、138、139
決策矩陣	172、173	機會戰法	148
兩翼包圍	112、113、212	橫隊戰術	68
刺針飛彈	275、277	縱深作戰理論	212、272、273
始曉攻擊	76、77	縱隊戰術	68
東鄉調閱	204	斷後部隊	144、145
長距離沙漠群	224、227	蘇芬戰爭	214、215、264
阻絕火力	136	灘頭堡	150、151、233
非洲軍	55、226		

285

作者簡介

木元寬明（Kimoto Hiroaki）

1945 年生於廣島縣。1968 年自防衛大學（12 期）畢業後，加入陸上自衛隊。以降歷任陸上幕僚監部、方面總監部幕僚、第 2 戰車大隊長、第 71 戰車連隊長、富士學校機甲科部副部長、幹部學校主任研究開發官等，2000 年退伍（陸將補）。2008 年以降專注於軍事史研究。主要著作包括《戦車の戦う技術》、《機動の理論》、《氣象と戰術》、《戰術学入門》、《陸自教範「野外令」が教える戰場の方程式》、《本当の戦車の戦い方》、《戦争と指揮》、《戰術的名著を讀む》。

插圖：藍井邦夫、近藤久博（近藤企畫）